〔日〕宫崎直子◎著

郑仕宇◎译

中国科学技术出版社

·北　京·

北京市版权局著作权合同登记　图字：01-2022-5021。

图书在版编目（CIP）数据

不自卑的勇气 /（日）宫崎直子著；郑仕宇译 . —
北京：中国科学技术出版社，2023.4
　ISBN 978-7-5046-9977-0

　Ⅰ . ①不… Ⅱ . ①宫… ②郑… Ⅲ . ①个性心理学
Ⅳ . ① B848

中国国家版本馆 CIP 数据核字（2023）第 035335 号

策划编辑	申永刚　赵　霞
责任编辑	孙倩倩
版式设计	蚂蚁设计
封面设计	创研设
责任校对	焦　宁
责任印制	李晓霖

出　　版	中国科学技术出版社
发　　行	中国科学技术出版社有限公司发行部
地　　址	北京市海淀区中关村南大街 16 号
邮　　编	100081
发行电话	010-62173865
传　　真	010-62173081
网　　址	http://www.cspbooks.com.cn

开　　本	880mm×1230mm　1/32
字　　数	125 千字
印　　张	7.5
版　　次	2023 年 4 月第 1 版
印　　次	2023 年 4 月第 1 次印刷
印　　刷	大厂回族自治县彩虹印刷有限公司
书　　号	ISBN 978-7-5046-9977-0/B·120
定　　价	59.00 元

（凡购买本社图书，如有缺页、倒页、脱页者，本社发行部负责调换）

☑️ 自我肯定感能够长期保持在一定高度

在日常生活中，我们常常能听到这样的话：

"领导骂了我，我的自我肯定感下降了。"

"我减肥成功，我的自我肯定感提升了。"

"我想培养出具有高度自我肯定感的孩子。"

"自我肯定感"这个词在日本已经深入人心了。很多人为了让自己和孩子一生过得充实、幸福，逐渐开始意识到了自我肯定感的重要性。

另外，也有很多人无论读了多少关于自我肯定感的书，自我肯定感却一点儿也没有提升，或是提升不久后又回到了原来的状态，原因在于他们不明白提升和保持高度自我肯定感的方法。

毫无疑问，"自我肯定感"是个时髦的词汇，其定义因人而异，很多专家对于提升自我肯定感的方法的具体研究也各不相同。

　　不同的人对自我肯定感有不同的理解。例如："自我肯定感是有起有伏的""不用勉强自己提升自我肯定感，自我肯定程度较低也没关系""自我肯定感包括自我效能感和自我有用感""无须提升自我肯定感，只要提升自我效能感即可""自我肯定感可以分为有附加条件和无附加条件两种类型"……其中，到底哪一种理解才是正确的呢？即使你在广泛涉猎不同研究观点的书籍后反而感到不知所措，也不足为奇。

　　本书试将自我肯定感定义为：自我肯定感并不包含"自己有能力完成某一行为"的自我效能感和"自己对他人有用"的自我有用感。"无条件"地接受并热爱着真实的自己，这种状态即高度的自我肯定感。

　　在各类信息的充斥之下，选择接受什么样的定义和研究方法由你自己决定。但我还想再说明一点：如果你选择相信"自我肯定感是有起有伏的"，你的自我肯定感则会一直起伏不定；如果你选择相信"不用勉强自己提升自我肯定感，自我肯定程度较低也没关系"，那么你的自我肯定感则会始终保持在较低水平；如果你认为"既存在有附加条件的自我肯定感，也存在无附加条件的自我肯定感"，那么你将永远无法做到无条件地自我肯定。

我对自我肯定感的理解是："无论发生什么事，自己都是自己的朋友。换言之，提升自我肯定感即让自己成为全世界最好的朋友。自我肯定感并非起伏不定的，而是可以长期保持在一定高度的。"

毫无疑问，在人生的旅途中，和你相伴时间最长的是自己。因此，自己既可以成为最坏的敌人，也可以成为最好的朋友。如果你想拥有永久性提升的钢铁般的自我肯定感、让自己成为在全世界中自己最好的朋友，并且想要度过令人心潮澎湃而又幸福美满的一生，请继续阅读本书。

☑ 真正的自我肯定感是可以通过方法提升的

我的一半时间生活在日本，另一半时间生活在美国。我曾服务于日本和美国的信息技术（IT）行业，并作为合伙人经营过一家软件公司。那时我遇见了稻盛和夫先生，之后的 8 年时间里，我一直都在盛和塾硅谷分塾①负责宣传

---

① 传播稻盛和夫经营理念的非营利组织。——译者注

工作。

稻盛和夫先生曾有过这样一段轶事：他在年轻时曾去参加松下幸之助"水坝式经营法"的研讨会。会上，与会者提问道："怎样才能建立起企业的'水坝'呢？"对此，松下幸之助的回答是："当你想到不得不建立时，自然就建成了。""这算是什么回答啊！"在场的很多人（包括提问者在内）都哑然失笑。

然而这一回答却让稻盛和夫先生颇受震撼，他意识到"最重要的是先要'想到'"。这一点也直接关系到他之后"思维方式决定人生和经营"的经营哲学的诞生。

自我肯定感也是一样，想要培养永久性提升的钢铁般的自我肯定感，你就要先意识到"它对我很重要，我完全有机会拥有它"。

正因如此，下定决心至关重要。只要有决心，不论是谁、不论何时都能拥有钢铁般的自我肯定感。

☑ 为什么越想提升自信越会导致失败

我出生、成长在三重县 [①] 的一个传统保守的小渔村里。在十几岁时我就问过自己："怎样才能让人充分发挥才能、度过幸福而又充实的一生呢？"

我的父亲曾三次落榜东京大学，他一度很沮丧。婚后，虽然我和弟弟的降生让他的心情一时之间有所好转，但工作进展总体不如预期顺利，父亲积郁成疾，年仅 54 岁就去世了。

父亲的去世让我颇受打击，但更让我感到遗憾的是，才华横溢的父亲未能尽展其才便郁郁而终。对此我心有疑问，几经波折后终于找到了问题的答案，我将其一一记录在本书之中。

父亲上初、高中时成绩优异，运动、美术、演讲、英语样样在行，还是学生会主席的热门人选。在"学习成绩优异""擅长运动""受人欢迎"等一系列条件的加持之下，他

[①] 三重县位于日本本州岛中部，是名古屋都市圈的组成部分。——编者注

曾经是一个洋溢着自信的人。

然而，在他三次落榜东京大学后，他失去了"学习成绩优异"这一附加条件，便无法接纳自己。我的父亲没有意识到"自我肯定感"的重要性，没有学会无条件地接纳和热爱自己。

在本书的第二章中我将提到，在自我肯定程度较低时提升自我效能感的人，一旦进展不顺则将大受打击。如果将自我效能感和自我肯定感混为一谈，情况则会十分危险。

☑️ 学习并养成硅谷居民的生活习惯

我出生在一个传统保守的小渔村里。从小时候开始，我就非常不适应家乡的环境氛围。我憧憬着在电视和书本上看到的国外生活，梦想着有一天能够逃离日本。就这样，我度过了我的 17 年光阴。18 岁那年，我去东京参加考试，这是我有生以来第一次到东京，虽被鳞次栉比的高楼大厦震撼得无以复加，但还是觉得东京的环境氛围比家乡要舒适得多。

20岁那年，我以在成人仪式上不穿振袖①作为交换条件，恳求父母让我在美国家庭中寄宿一段时间。我首次访美便落地硅谷，我觉得硅谷的环境氛围比东京更为舒适。

三周的寄宿生活结束后我返回了日本。我仍能记得当时飞机在成田机场着陆，看到那些起航的飞机，我感受到内心之中的渴望："我想坐上那架飞机重返美国！"

当时我不明白，硅谷为何令我如此着迷。不过如今，当我成为往日憧憬的硅谷居民后，我便能感受到硅谷的魅力所在。硅谷能够让人接受并热爱真实的自己。换言之，硅谷易于培养并保持人们钢铁般的自我肯定感。

2017年，日本国立青少年教育振兴机构针对高中生展开了一项调查。调查数据表明，面对"是否认为自己富有价值"这一问题，有84%的美国高中生做出了肯定回答。与之相对，只有45%的日本高中生做出了肯定回答。

硅谷汇聚世界各地的优秀人才，这一情况即使是在美国也极为特殊。本书中的重要概念"成长型思维模式"（Growth

---

① 长袖和服，主要由日本年轻女性出席成人仪式、毕业典礼等场合穿着。——译者注

Mindset）也于硅谷诞生。硅谷北面的旧金山是推特公司（Twitter）和优步公司（Uber）总部所在地，同时它也是一个崇尚自由的城市。

在这种环境下，苹果公司（Apple）、脸书公司（Facebook）[①]、谷歌公司（Google）、特斯拉公司（Tesla）等席卷全球的企业接连不断地涌现，它们持续地为我们提供让生活发生翻天覆地变化的服务和产品，这一现象绝非偶然。

本书的第一章介绍了我在硅谷和旧金山的工作和生活经历，从中我了解并学习到了硅谷居民培养出钢铁般的自我肯定感的生活习惯。

来到硅谷后我一直在探寻之前问题的答案，为此我加入了稻盛和夫先生所创办的盛和塾硅谷分塾。稻盛和夫先生是一位杰出的企业家，我从他那里学到了经营哲学，以及一系列人生指南。

在盛和塾中，斋藤一人先生的拥趸甚多，受此影响，我也拜读了他很多的著作。他曾说过："爱的反面是恐惧。"

艾伦·科恩（Alan Cohen）既是一位作家，又是一位世界

[①] 现已更名为元宇宙（Meta）。——译者注

级的人生教练（Life Coach）[1]，在他的指导下，我参加了人生教练的培训课程。他在培训过程中让我观看了同为世界级人生教练、演说家和作家安东尼·罗宾（Anthony Robbins）的视频，我也以此为契机，从他的人生教练项目中学到了不少知识。

回首过往，我在美国读研究生时学习了心理语言学和社会语言学。毕业后，我也自学了阿德勒心理学、积极心理学、思维模式等相关知识。如今，我专门从事自我肯定感提升方面的指导工作，一直以来为学员开展相关的讲座课程。

本书基于上述学科的科学实证和各类学科知识，从我在日本和美国的实践经验以及学员的实践经验出发，总结出培养钢铁般的自我肯定感的方法，以便于帮助读者能更好地在生活中实际运用。

☑ 做出最佳选择，充实地生活

"不论是谁、不论何时何地都能培养出钢铁般的自我肯

---

[1] 人生教练，即一种与客户合作、通过引人深思和创造性的教练过程，激励他们最大限度地发挥个人和职业潜力的职业。——译者注

定感，并且能够永久性提升自我肯定感。"

你或许会想，这种事情真实存在吗？请别担心，本书所讲述的并非扬汤止沸的应对方法，而是一种从根本上永久性提升自我肯定感的方法。本书旨在让你拥有坚定的自我肯定感，拥抱美好的未来。

为了解答你关于自我肯定感的疑惑，本书的第二章梳理了关于自我有用感、自我效能感和自我中心思维这些与自我肯定感相似的概念之间的区别。

在你理解之后，要做的事情就十分简单了。本书的第三章和第四章中说明了影响自我肯定感起伏的附加条件，并且指出了造成这一现象的主要因素。在这之后你只需接受本书第五章、第六章和第七章中的语言训练、思维训练和行为训练，排除上述附加条件和主要因素后，即可拥有钢铁般的自我肯定感。

我在掌握和实践这些方法之前，一直无法做到无条件地接纳和热爱自己，因此也走了不少弯路。

本书的第八章将提到，自我肯定感与人的判断能力息息相关。从"早上起床吃什么"到"是否应该继续这份工作"，你的人生即为每天所做出的决定的总和。

　　在拥有了在这个世界上最好的朋友后，我在日常生活中情绪一直都能保持稳定，即使发生了一些意外事件也能瞬间恢复状态，再也不会感到孤独寂寞。毕竟最好的朋友一直陪伴在自己身边，接受、鼓励并支持着自己。如今，我也能毫不妥协地做出最佳选择、灵活处理人际关系，每一天都过得幸福无比。

　　只要下定决心，任何人都能拥有这种钢铁般的自我肯定感，也能做出最佳选择。不论是在工作、家庭还是个人生活方面，你都能切实地感受到一切都在变好。

　　以前，人们谦逊克己，不断地用痛苦鞭策着自己、忍耐着厌恶之事，用汗水、泪水和毅力去换取成功。而在当下，人们关爱自我，将自己内心的感受置于首位，既享受着人生的欢愉，也赢得了成功。许多硅谷居民先于其他读者实践了上述这一点。

　　本书所介绍的方法适用于世界各地的读者。如果本书能够帮助更多的人拥有永久性提升的钢铁般的自我肯定感，实现一个又一个的人生梦想，拥有精彩人生，我将为此不胜喜悦。

宫崎直子

目录

 **不自卑的勇气**

第一章

硅谷的精英为什么具有高度的自我肯定感

☑ 即使失业也不会影响自我肯定感

我曾和前夫一同前往东京某家酒店，出席我表妹的婚礼。接下来是当时发生的一个小故事。在婚礼进行过程中，我注意到人们用一种异样的眼光上下打量着坐在桌旁的我们，仿佛在窥视着一件不该看的事物。

婚礼结束后，我的一位亲戚悄声告诉我："你的爱人真是精神焕发呢。"

我听后立刻就明白了我和前夫引人注目的原因所在。

我的前夫原本是一位美国工程师，在硅谷一家公司供职。但就在参加那次婚礼的几个月前，他被裁员了。在日语中，"裁员"虽译作"临时解雇"，但当公司出现业绩下滑或合并等情况时，则会近乎永久地解雇多名员工。

大多数硅谷公司的裁员毫无预兆。被裁员的员工早起上班时才发现，临时保安守在公司大门口，公司领导突然通知他们："你们今天被开除了，请带走私人物品，留下公用电脑等公司财物。"这样的裁员方式实在是太出人意料了。公司安排临时保安的目的是保护公司财物安全，防止被裁员的员工一时冲动而损坏公司财物。

我这么说可能会让人觉得：硅谷真是个冷漠无情之地啊。话虽如此，这种事倒也司空见惯，不足为奇。我那些在硅谷工作的朋友中，有八成左右至少经历过一次裁员。我的前夫经历过两次，我也经历过一次。

我被裁员是因为之前的任职公司被收购，在收购公司（特别是其会计部门和营销部门）中，被收购的公司员工里只能留下一人交接工作，其他人员即日起被解雇。我的领导和我遭遇相同，我仍记得他当时出于关心，温柔地对我说："公司经营不善才会如此，这不会成为你履历上的污点，不必在意。"

在这之后，这位领导和其他失业同事或去创业、或被更大的公司聘用。因此，失业也并非坏事，有很多人的成就反而更胜以往。

许多硅谷居民认为，失业正是一个绝佳的机会，可以借此挑战一下以前难以办到或未办到之事。例如：

"正好，在找下一份工作之前先出去旅游吧。"

"正好，趁此机会重返校园，学一些之前一直想学的知识吧。"

"正好，趁此机会创业吧。"

我的前夫一点儿都不在意自己丢掉工作的事，反而会想：正好直子表妹的婚礼在日本举行，不妨借此机会去周游日本。之后，他便兴奋地制订旅游计划、出席结婚典礼。

不管是否失业，我就是我，自身的价值绝不由外界决定。失业后，有无数条道路在我们面前延伸开、任由我们选择，例如去旅游、重返校园、创业……这一点不言自明。

硅谷居民往往以自我为核心思考问题，注重保持心情愉悦、维持好工作与个人生活之间的平衡，他们中的大多数人不会因为失业而否定自我。换言之，工作并不等同于自身价值和自身存在的意义。

我常想："工作还不好找吗？如有必要，我还可以白手起家，成立公司。"在给自己贴上"是否有稳定工作""就职于什么样的公司"之类的标签前，我们应该先肯定自我存在的价值。

具有高度自我肯定感的人云集硅谷，这就是硅谷能够接连不断地提供创新服务、创造新型产品的秘密之一。我的前夫虽遭到两次裁员，但他在这之后与我一同创业、转让公司，如今他在全球极具代表性的硅谷大公司之一供职，致力于打造出更先进的产品。

☑ 从托儿所开始建立起钢铁般的自我肯定感

我的女儿曾上过硅谷的托儿所、旧金山的幼儿园和小学。从托儿所到小学一年级，连续 3 年时间里，每年 9 月开学后不久，她都会提交同一项名为"关于我的一切"（All about me）的作业项目。作业要求每个孩子用照片和图画制作一张海报，并在旁配以文字，记录下自己的家人、自己喜欢的事物和才艺等关于自己的一切，在全班同学面前展示海报内容、介绍自己。

托儿所和幼儿园的孩子难以独立完成，所以这个项目自然是由父母和孩子一起合作完成的。女儿说，她想在海报上贴上自己喜欢的儿童绘本、玩具的图片，以及好朋友的照片。还说因为妈妈是日本人、爸爸是美国人，想再贴上展现日本、美国风土人情之物和家人的照片。此外，她还贴上了之前学习游泳和体操的照片，并用喜欢的颜色绘制成边框和

小花。最终成品相当庞大，其宽度大致等同于女儿的身高。

每个孩子都开心地将亲手制作的海报带到学校里，得意地在老师和同学面前讲述自己的故事，赢得众人的一片掌声。女儿所在的班级中，虽然每个人的家庭情况各异，但大家都毫不隐瞒地通过海报将其公之于众。

史蒂夫·乔布斯曾公开表示，自己是领养而来。

自己是不是领养而来，这一点与自己基本的身份认同息息相关。隐瞒事实可能是害怕遭受批评而隐藏真实的自己，换言之，这将导致自我否定。在硅谷，孩子们从小就可以无所顾忌地展现出真实的自己，并且人们还会赞许这种行为。

除此之外，还有一个名为"展示与表达"（Show and tell）的作业项目。老师指定主题后，孩子们把符合主题要求的物品带到学校里展示，并解释说明其为何物、其有趣之处何在。孩子们带上喜欢的书或玩具，在大家面前讲述其有趣之处、自己爱不释手的原因等。并且，孩子们还可以穿着自己喜欢的睡衣去学校，学校还会举办睡衣节等活动。

如上文所述，在硅谷，人们从托儿所开始就鼓励孩子们在大家面前无所顾忌地展示真实的自己，比如自己喜欢和厌恶的事物、自己的想法、自己的家庭类型等，并且持续地训练孩子们在大家面前坦率地表达自我，如"我喜欢这个""我是这样的人"等。

　　反复进行上述训练后，孩子们自然而然地就会培养出一种安全感，即钢铁般的自我肯定感。他们会认为"我和大家不一样也没关系。反之，不一样才是理所当然之事""全面展现出自我个性也能被人接受"。

☑ 不论内容正确与否，输出本身更为重要

女儿在上小学一二年级时，我阅读了她在学校里写的作文后，大吃一惊。一页纸左右的作文里，错别字、漏字的情况很多。

与此相比，更令我震惊的是，老师竟然因此对她大加赞扬。我突然想起我在幼儿园时期，在送给母亲的生日祝福卡片里误将"妈妈生日快乐"中的"妈妈"写成了"马马"，母亲因此大发雷霆。

在女儿的小学里，单词拼写只要写个大概即可。发音相近的单词写成哪一个都无所谓。

与此相比，更重要的是输出。老师期待和赞许的是，孩子们能否将自身的所思所想落笔成文，至于其他拼写错误，甚至语法错误都无伤大雅。

确实如此，对一个一、二年级的小学生而言，他们才刚刚学会写字和认识单词。如果要求他们词汇拼写和语法绝不能出现任何错误，他们大概会顾此失彼，反而难以表达出自己的所思所想。更有可能会因为害怕犯错遭受批评，从而打消写作的念头。

在硅谷，"不论内容正确与否，输出本身更为重要"的思维模式一直延续到了大学和大学毕业之后。我所攻读的美国研究生院也是如此。几乎在所有的班级里，最终成绩的评分标准一栏里始终都会有"是否参与课程"这一项。

这里所谓的"参与"，并非指"学生是否旷课"。按时上课自不用说，这里指的是"学生在课上有没有发言"。即使文不对题，甚至与老师的意见针锋相对，也都毫无问题。如果我们将课程视作师生共同建立的社区，学生成绩的评判标准则为学生是否提出自己的意见以助力该社区的发展建设。意识到这一点后，我也开始在课堂上积极发言。总之，发言即胜利。

在硅谷，人们会更倾向于低估那些过于谨小慎微而少言寡语的人，这样的人会被认为毫无主见。换言之，不论内容正确与否，人们更注重的是一个人是否有主见、是否能自信地表达个人观点。

培养自我肯定感最重要的是将"自己的想法"转换为语言、堂堂正正地不断输出个人观点，逐渐进行自我肯定的训练，培养坚信自我的决心。

☑ 养成以自我为核心的学习方式

学生时期，我喜欢和讨厌的科目泾渭分明：喜欢的科目有语文、数学、英语和美术，除此之外其他科目我都很讨厌。因此，在日本报考大学时，我专门挑选了只考语、数、英三科的院校。

语文和英语的学习很快就能助力我的人生发展，但历史这门学科，无论是日本史还是世界史，对我来说就像一个惩罚游戏。我很难喜欢上这门学科，我只记住了一些历史事件和相应的时代背景。

讨厌历史的我虽然对古埃及图坦卡蒙（Tutankhamun）[①]法老之事知之甚少，但当"图坦卡蒙法老展"在美国各地巡回举办之时，我还是决定和我的家人一起去参观浏览一番。

---

① 古埃及新王国时期第十八王朝的法老。——译者注

接下来是当时发生的一件让我颇受触动之事。

那天，展台前排起了长队，大约需要等待 20 分钟才能进入特设展厅。我们也购票进入博物馆内等待。人们排着长队，吵嚷的交谈之声此起彼伏、在馆内不断回荡，前夫的妹夫正和他的爱人一起兴高采烈地畅谈道："就在前一天，他就……然后又……"

我在一旁听着，以为他说的一定是他的至交好友。

然而仔细一听才知道，原来他就像是在谈论朋友一样，正在畅谈着图坦卡蒙法老！妹夫虽是一名数据科学家，但他对历史（尤其是第二次世界大战的相关历史）情有独钟，他曾夸下海口"没有人在历史方面比得上我"。

日本学生和美国学生的学习方式本身就大相径庭。美国学生不会因为考试而囫囵吞枣、死记硬背某个史实和相应的时代背景，只有当他们对某个历史人物产生兴趣后，才会从头开始阅读相关人物的书籍、观看相关的纪录片或电影。如有机会，他们还会实地走访历史事件的发生地，用自己的思维串联起各个历史事件，思考这些事件发生的意义。妹夫之所以能像朋友一样畅谈图坦卡蒙法老之事，其原因就在于此。顺带一提，妹夫的独生子对历史颇感兴趣，如在大学里学习历史，希望将来成为一名历史老师。

学习方式也可分为以他人为核心的学习方式和以自我为核心的学习方式两类。只背诵教材，不求甚解地将他人灌输给自己的知识囫囵吞枣全部记下，这是以他人为核心的学习方式；将教材置于一旁，从自己的求知欲出发，彻底地调查并琢磨透感兴趣的历史人物和历史事件的来龙去脉，这是以自我为核心的学习方式。这两者之间有着天壤之别。

我在美国读研究生时，很多美国学生都在说"一查就会的东西不用背"。他们认为只有在阅读各类文献后理清自己的思路、给出自己的解释并确立个人观点，才是至关重要之事。

现在我常想，如果从一开始我能养成这种以自我为核心的学习方式，历史也许就会成为我喜欢的科目之一。

☑️ 持续且长时间的谈话能逐渐提升家人的自我肯定感

　　我搬到硅谷已经二十多年了，开始时既没有工作也没有房子，所依靠的无非是自己所剩不多的存款。我在硅谷工作的第一家风险企业的领导名为鲍勃（Bob），身材魁梧的他是"常春藤联盟"①毕业的优秀精英。鲍勃总是比任何人都要早下班回家，到了四点半左右，他总是要先说一句他的口头禅"下一个工作要开始了"，然后兴冲冲地离开公司。他所说的"下一个工作"指的是接孩子放学。

　　在硅谷，男人也会积极主动地抚养孩子。一起共事过的诺里亚（Noreia）曾说，他每天晚上都会读儿童绘本给孩子

---

①　美国一流名校联盟，包括哈佛大学、宾夕法尼亚大学、耶鲁大学、普林斯顿大学、哥伦比亚大学、达特茅斯学院、布朗大学和康奈尔大学。——译者注

们听。虽说并非所有人都如此，但一般而言越是精英、越是成功人士，就越珍惜和家人在一起的时光。

虽也有产品上线之前加班的例外情况存在，但在硅谷一般到了傍晚五六点后，不论男女，大部分人都会回家。他们既没有冗长的会议，也不必长时间滞留公司之中，他们将该做的事情尽快做完后立即回家。谷歌、苹果、脸书等硅谷公司接连不断地创造出改变世界的全新事物，就我所见，他们成功的秘诀并非忍耐、自我牺牲和付出。

众所周知，和孩子聊天、给孩子读书对孩子的成长教育至关重要；对自己而言，明确地区分工作时间和家庭时间，与家人和朋友悠闲地共度时光也同样至关重要。只要利用好工作时间，人们也可以取得丰硕的成果。

在二十余年的婚姻生活中，我曾多次与前夫的家人共度假期时光。我们会在一周左右的假期生活中与家人欢聚一堂，将工作完全排除在外。假期里虽然也会去看电影、参观美术馆、外出郊游等，但大家坐在一起畅谈则会占据大部分的假期时光。大家不再忙碌于计划的行程安排，任由时间慢慢流逝。如果任由谈话继续，不论男女，大家都会开心地坐在一起畅谈两三个小时。之后也不在家里做饭，而是去餐厅吃饭，或是把美食打包回家享用，总之是彻彻底底地放松，这与我和自己的父母相处截然不同。

我和日本的家人们几乎从未度过如此悠闲的时光。即使我不在家时，我也会被问到"之后去哪里""之后干什么"之类的行程安排。家人之间的对话也是事务性的往来居多，例如："明天几点回家？""饭盒收拾好了吗？""考试结果如何？"父母一年到头连双休日都在加班，唯一的休闲娱乐仅仅是周末大家坐在一起默默地看电视。在我的印象之中，我从未和家人畅谈过两三个小时。

与此相对，在美国，父母和孩子会互相讲述自己在公司或学校里发生的事情，谈话内容包罗万象而又深刻无比，其中包括自己热衷和感兴趣的事物：政治、历史、世界局势、体育、美食……父母不会评判他们的孩子。他们知道，只有不去评判并信任孩子，把孩子当作一个平等独立的人，尊重他、倾听他的话，才能引导孩子将其能力发挥至极致，这一点至关重要。

我和前夫几乎在同一时间失业，当我们一起创立公司时，他的父母没有表现出任何担心的样子。实际上，我觉得他们完全不担心我们。他们认为我们一定能够解决问题，并且将这种想法传达给了我们。虽然我们也会有公司经营状况不佳、不想让外人知晓的时候，但当公司业绩蒸蒸日上时，他们还是会向亲戚们自豪地谈起我们二人创立了公司这件事。

　　在此类家庭内的对话中，谁都不会对人做出评判，只要每天坚持着进行这种对话，就能培养出一种彻彻底底的自我肯定感，即无论状态好与坏，真实的自己都能被人接纳、被人热爱，因此只要做真实的自己便毫无问题。

☑ 适度运动有助于提升自我肯定感

我搬到硅谷后发现,在硅谷生活的人(至少我周围的人)当中,几乎每个人都会在日常生活中有意识地做一些运动,例如:慢跑、瑜伽、游泳、徒步郊游、骑行……此外,也有很多朋友定期参加马拉松大赛和铁人三项运动。我在硅谷工作的第一家公司的总裁原本是某个大学计算机科学方向的教授,后来他发现瑜伽的作用后便在硅谷开设瑜伽课程,至今仍在教授瑜伽。

各式各样的人报名参加瑜伽课程,其中既有许多白发苍苍的老者,也有二十岁左右、学生模样的青年,并非只有年富力强的青壮年才会参加瑜伽课程。前夫的父母现均已七十有余,他们在日常生活中也经常慢跑、做伸展运动。前夫的祖父母现已过世,他们生前八九十岁仍在健身房里坚持运动,几乎每天都要游泳、做瑜伽。

在这样的父母培养之下成长起来的孩子，非常注重体育运动。是否积极参加体育运动等课外活动这一项，也在美国大学入学资格审查中占据相当大的比重。或许是基于上述原因，硅谷的家长强烈支持孩子参加体育运动，虽然每个家庭在其中花费的时间和金钱各不相同，但硅谷确实鼓励孩子"文武之道"并重，即文化学习和体育运动全面发展。

在我供职过的硅谷的公司里，公司的办公室中几乎都会配备淋浴间。很多同事利用午休时间外出慢跑，运动结束后返回公司冲个澡。许多大型公司都会在公司内设有健身房。我所在的公司虽没有内部健身房，但与公司外的健身房有合作，员工每个月的健身费用都由公司全额支付。你可能会想："为什么公司会配备淋浴间和健身房呢？""短暂的午休时间里，员工怎么能够这么从容不迫地做运动……"但适度运动的确能使人的心理状态变得更加积极向上，同时还有助于提升工作效率。适度运动有助于员工保持身体健康，从结果上看，公司负担的健康保险费也会降低不少，还能减少员工因病请假的次数。适度运动还有助于人体分泌血清素和内啡肽。血清素是一种能提升大脑活力的物质，具有镇定精神、加速思维运转等功效，而内啡肽则是一种能使人心情放松的

物质。

当你面对难题、思考陷入僵局时，与其继续伏案苦思冥想，倒不如出门适度运动，比如慢跑、散步……或是到健身房里活动一下身体，这样既能激发积极正面的情绪，又能迸发出一些之前难以想到的好主意。团队合作的情况也同样适用。团队成员为了顺利完成项目，会对我们提出一些宝贵的意见，我们不应该消极地对待它们，而是应该积极地欣然接受这些意见，这样工作进展也会更加顺利。

这一点也与自我肯定感直接相关。其原因在于，血清素和内啡肽是能够让人感到幸福的激素，如果它们大量分泌，大脑就会更加积极正面地思考问题。因此，请不要责怪自己未能找到问题的解决方法，你可以这么想："我已经很努力了，离最终答案仅有一步之遥，我一定会找到它！"

☑ 人各有异才是世界的常态

稍微一想，在我移居硅谷后曾和一些人相遇或共事，他们来自不同的国家或地区。

他们身上体现着各自不同的文化习俗。像在日本，东京文化和冲绳文化便截然不同；而在印度，南部和北部的文化也大相径庭。不同文化背景下的人聚在一起，自己原来的"常识"便已不再成立。

我出生在日本的一个小渔村里，就读于当地的中小学。家人对我的管教十分严格，一丝不苟的我在上大学之前从未化过妆，也从未涂过指甲油、烫过头发。后来，我要去美国读研究生，母亲在成田机场与我告别时说道："你可万万不能打耳洞啊！"我的叛逆期来得较晚，直到22岁那年我才鼓起勇气去美国留学，并在当地打了耳洞。

然而，女儿在托儿所的朋友、一群来自印度的孩子，

不自卑的勇气

三四岁就已经打耳洞了！女儿四岁生日时收到了其他小朋友送来的生日礼物——一瓶儿童专用的指甲油。那些孩子认为大家都会涂指甲油，我女儿自然也不例外。

此外，还有另一件令我瞠目结舌之事：女儿在上小学后参加加利福尼亚州的学力测验考试，考场上老师给所有孩子分发口香糖，并告诉他们要一边嚼着口香糖一边作答，其原因似乎是嚼口香糖能够使人注意力集中。但换作日本，学生上课嚼口香糖则会受到老师极为严厉的处罚，如被叫到校长办公室训话等。

如今，日本虽也在与时俱进，但至少在几年前，女儿在某个日本小学体验学校生活时，老师告诉她学校里分发的饭菜不能剩下，要全部吃干净。女儿说，每到饭点她都会发愁。我在硅谷的朋友来自世界各地，他们的饮食习惯也多种多样。因此，谁也没有强行规定他们把饭菜吃干净。

各种各样的人齐聚一堂、共同生活于同一处，所谓的"常识"便不再成立。生命的本质在于每个人都能活出自己的精彩人生，如果将其与自己所持有的常识性观点相互对比，你就会明白，自己所谓的"常识"多么索然无味、无关紧要。

人各有异才是世界的常态，只要做真实的自己便毫无问题。世界上既不存在一种非此不可的标准，也很少会有人刻薄地以此标准去观察和评判他人。

同样是在美国，这里既有移民较少的地区、又有黑人聚集的地区，还有白人较多的地区……我是一个较为特别的日本人，我想要以我自己的方式立足于世，因此我正适合长居于硅谷这样一个各色人物云集之地。

硅谷汇聚了世界各地的优秀工程师。在这里，人们倡导个性、思想自由，重视实际执行能力。大量拥有钢铁般的自我肯定感的人云集硅谷，他们认为只要坚持做自己即可。实际上，他们背后的"失败"不计其数，但谁也不会去苛责"失败"的人，人们也不会把失败当回事。因此，他们才能接连不断地创新服务，创造新产品。

☑ 年龄、性别、出身都无关紧要

　　美国公司的面试官禁止询问求职者的问题包括：性别、婚姻状况、是否有孩子、国籍、年龄、是否残疾人……

　　求职者的个人简历上不会写明性别和出生年月日，也不会贴上照片，以防暴露上述信息。在学历一栏中虽然可以写明求职者的毕业院校，但不必写毕业年份，因为这可能会暴露求职者的年龄，面试官也不能对此加以询问。美国法律也严格禁止面试官询问求职者诸如"你结婚了吗""你有孩子吗"之类的问题。这些规定都是为了让所有人都能拥有平等的就业机会，确保人们不会因为上述事项而遭到歧视。

　　美国的就业制度相对完善。在美国，人们只要不自我设限（例如："我太过稚嫩了""我已经老了"等），不论自己年轻也好年老也罢，单身也好有孩子也罢，数不尽的工作机会摆在人们面前，所有人都有机会光明正大地争取自己梦寐以求的工作。

哈佛大学教授埃伦·兰格（Ellen Langer）曾做过一个"逆时针"实验，该实验旨在探究主观认知年龄对身体机能的影响。她将 16 名八十多岁的实验对象召集于一座仿照 20 年前（1959 年）装修式样的建筑物里，让他们穿上 20 年前穿过的西服，断绝与外界的一切联系，在一切宛如 20 年前的环境中度过 5 天。实验结束后，对比实验对象参加实验前后的外表、视力、听力、柔韧性等各项身体机能的变化。结果出乎意料。

大多数实验对象认为自己"手变巧了""看起来年轻了不少"。实际上，实验对象已经在某种程度上变"年轻"了。

此外还有一项旨在探究自我印象对考试结果影响程度的实验：研究人员在数学考试前将学生分为两组，并让一组学生在卷面上写明性别、另一组学生则不写性别而写明来自哪个大洲，最终比较两组学生的考试结果。

在美国，人们普遍持有一种偏见，即认为男性的数学能力优于女性、亚洲人的数学能力优于其他大洲的人。该实验中实验对象的数学能力几乎处于同一水平，该实验中亚洲女性的结果则又如何呢？

参加考试前，其中一组亚洲女性在卷面上写明"我是女性"，她们给予了自己"因为我是女性，所以数学不好"的负面自我暗示，最终成绩并不理想。而另一组亚洲女性则在卷面上写明"我是亚洲人"，她们受到了"因为我是亚洲人，所以数学很好"的正面自我暗示，最终成绩优于前组。

从上述两个实验中我们不难看出，主观认知决定了人生发展走向。如果你给自己找寻借口、增设种种障碍，诸如"我是女性""我太过稚嫩""我已年老力衰""我是外国人"等，那么你的人生将如你所想而每况愈下。

但如果你能排除各种不利条件、不自我设限，并且不断地暗示自己拥有无限的可能性并且持之以恒地为之奋斗，等待你的将是梦寐以求的人生。

在下文中我们将继续深入地探讨这一点，并对此展开详细的说明介绍。"真正的自我肯定感"即"自我存在本身"，它超脱性别、年龄、国籍、家庭结构、工作等一系列被人赋予的标签。当你认识到"自我存在本身不附带任何附加条件，我的存在富有价值"，你就会明白，自己的标签多么无关紧要。

☑️ 乔布斯式提升自我肯定感的方法

　　如今，很多人都意识到日本昭和时代 ① 的根性论 ② ，即"想要成功就必须付出努力、付出血淋淋的代价"观点之悖谬，"倾听自己内心的声音"这种使人怦然心动的观点逐渐成为社会的主流。

　　然而，硅谷的精英们却从很久前就已经明白，成功的秘诀即为珍惜自己内心之中的怦动感。苹果公司的创始人史蒂夫·乔布斯就是其中一员。

　　乔布斯在斯坦福大学毕业典礼上的演讲中如此说道："我在做这些事情（即根据自己内心之中的怦动感所做出的每一

---

① "昭和"是日本裕仁天皇在位期间使用的年号，1926 年 12 月 25 日至 1989 年 1 月 7 日期间为昭和时代。——译者注

② 日语中"根性"即毅力之意。"根性论"认为，人只要有毅力，无论什么问题都能解决，无论什么目标都能实现。——译者注

件事）时，绝无可能预见到它们之间的联系，但如今回首往事，一切都已十分明了（即有助于自身工作的发展）。"

乔布斯试举了一例，即他在大学辍学后旁听书法课的经历。乔布斯从小由蓝领阶层的养父母抚养长大，他的亲生母亲当时正在读研究生，根据双方之间的约定，乔布斯以后必须上大学。

但是乔布斯入学后发现，大学中的必修科目净是些枯燥无味的课程。他认为倾尽养父母的毕生积蓄来缴纳学费未免太过可惜，便退学去旁听自己真正感兴趣的课程。

当年乔布斯就读的大学里到处张贴着由美术字写成的精美海报。乔布斯被优美的美术字吸引，便去旁听了一节书法课，在课上，他学会了如何才能写出优美的美术字，了解了美术字的多种不同写法、英文字母组合的间距规则。乔布斯当时全然不知未来工作中将如何活用这些知识。

然而多年以后，乔布斯在苹果公司里将之前学到的知识运用自如。苹果电脑受到创作者青睐的原因之一就在于乔布斯能够领会文字的美感。微软的操作系统忽视文字的纤细之美，而苹果电脑则从一开始就拥有丰富多彩的字体和多种多样的功能，用户可以自行调整字体宽度和文字间距。

如上所述，乔布斯忠实地跟随着自己内心的悸动感、不断从事自己热爱之事。除此之外，他的演讲中还处处透露着一种硅谷式自我肯定感。他曾说："人生苦短，所以请勿浪费时间在重复他人的生活之上。不要被常识（教条）束缚，那意味着你将按照他人的想法生活。切勿让世人的喧嚣掩盖了你的心声。"

常识对我而言无关紧要，重要的是以自我为核心立足于世。乔布斯在一次演讲中说："聆听自己内心的声音并独立思考。"他以"求知若渴，虚心若愚"作为那场演讲的结尾。

所谓"求知若渴"，即不满足于现状、持续挑战新鲜事物，并且向上不断发展。所谓"虚心若愚"，并非真的让人去做傻事，而是主张要成为一个冒险家，不断坚持自己想做的事，即使被惯于回避风险的凡夫俗子视作愚不可及亦不足为惜。

在那场演讲中，乔布斯还提到被自己一手创办的苹果公司赶出家门、举步维艰，之后与妻子相遇相知，共同组建了一个温馨的家庭。此外，他还提到自己曾罹患癌症。

如上所述，他的演讲不仅涉及工作，还涉及家庭和自身疾病，这也是硅谷式自我肯定感的特征之一。工作固然重要，但家庭和兴趣爱好也同样重要。

其实，不仅仅是工作和家庭，自己的所有事情都很重要，包括自身疾病、被赶出公司的经历……接受真实自己的每一面，坦率地在人前谈论自己，这才是真正的自我肯定感。

☑ 被人禁止之前一直积极行动和被人允许之前一直消极待命

　　我有一半的时间生活在日本，另一半的时间生活在美国。由于个体差异的存在，我虽不能说"日本人都这样"或"美国人都这样"，但假如非要笼统地予以概括，那么美国人多在被人禁止之前一直积极采取行动，而日本人则多在被人允许之前一直消极待命。

　　换言之，美国人即使不知道自己的行为是否可行，也会优先采取行动。多数美国人认为，如果受到需要服从之人（例如政府工作人员、警察、父母、老师、领导等）的明令禁止，只要停止行动并解释清楚自己并不知情，之后说明采取行动的原因即可。

　　另外，在对行为的可行性一无所知的情况下，多数日本人除非得到他人的允许，否则会一直消极待命。

我的人生教练艾伦·科恩曾给我讲过一个故事，关于他的美国朋友在东京的遭遇，我们暂且将他的朋友称为汤姆。

汤姆漫步于台风来临前的东京街道，暴风迅猛、骤雨倾盆，人几乎要被风吹跑了。由于天气恶劣，宽敞的人行横道上无一汽车往来。汤姆奔跑着闯过红灯、穿过人行横道。他想着如果苦等红灯变绿，自己不仅全身上下都会被暴雨淋湿，还有可能会被狂风吹跑。穿过人行横道后，汤姆猛然间回头一看，所有的日本人都站在毫无汽车往来的人行横道前，静静地等待着信号灯的变化。他们浑身湿透，几乎要被狂风吹跑。

台风天里，人们如果不尽快逃往某个有屋顶之处避风则岌岌可危，此时如果我们面对毫无汽车往来的人行横道，是否可以选择闯红灯呢?

多数美国人会选择闯红灯、快速通过人行横道。如果警察看到他们而大发雷霆，他们则会解释道：“现在是暴风雨天，路上又没有汽车往来，如果我在这里干等着红灯变绿，反而会更加危险。”换言之，信号灯原本是为了保障行人安全而设立，但当紧急情况发生之际，美国人认为与其消极地等待信号灯变化，倒不如根据实际情况做出决定、积极地采取行动。

相反，多数日本人如果未得到交警允许，就会一直等到信号灯变化才穿过人行横道。或许还会有一些日本人认为，与其被旁人认定为"违反交通规则"，倒不如浑身湿透地原地待命为妙。

规则原本是为了保障人民生活的幸福和安全而存在的，但是我们并不希望规则的滥用威胁、左右我们的生活。规则当然应该因时因势而变，当意外情况发生之际，我们应优先考虑自身的幸福和安全。

这种以自我为核心的思维模式，即面对万事万物都能随机应变、独立做出判断的思维模式，与跟随真实的自我和直觉而生活的自我肯定感息息相关。

99% 的人误解了
自我肯定感

☑ 自我肯定即热爱真实的自己

斑马宝宝出生十分钟后就能独自站立、一个小时后就能独立奔跑。与此相比，刚出生的人类婴儿无法自理，但他的家人却会无条件地爱他。如果将这种爱转移到自己身上，即为本书所说的自我肯定感。这种爱从不附加任何条件，既不因为他考试成绩取得满分，也不因为他擅长体育，更不因为他对父母的话言听计从。这仅仅出于对眼前这一婴儿"存在"本身的怜爱。

这种对于"存在本身的爱"，才是对真实的自己无条件地接纳与热爱。

真正的自我肯定感是无条件地接受并热爱自己的全部。在这之中过去的一切、不论好坏都包含在内。既包括意气风发、昂扬进取的自己，又包括对他人冷嘲热讽、被他人残忍对待、在工作中屡屡碰壁、缺乏行动勇气、黯然神伤、因病

丧失行动能力的自己……

婴儿刚生下来无法自理，我想这是为了让我们懂得什么才是无条件的爱吧。只要婴儿平安降生，父母就会无条件地为之喜悦，并且无限热爱其存在本身。但随着孩子年岁的日益增长，父母在不知不觉间将这种爱附加上了某种条件，例如：只有小孩子学习才爱，不学习就不爱；服从自己的命令才爱，不服从就不爱等。父母将个人规则和标准施加于孩子之上，并开始对其做出评判。

但我们还有一次机会，让我们重新学会"无条件的爱"。父母或其他亲人垂垂老矣，已经卧床不起、对任何事情都无能为力。彼时，我们有机会无条件地再爱他们一次，再次回忆起对于"存在本身"的爱。

我的外祖父是一位个体执业的内科医生，他曾长期居住在乡下老家里，给人治病。年过花甲后，他下定决心到三重县的四日市开设一家私人诊所。诊所具体位于四日市车站前的一座大楼之中。四日市是一个大城市，从老家乘坐电车前往需二十分钟左右，外祖父就这样每天往返于两地之间。当时，我曾独自乘坐电车前往四日市，定期请外祖父给我的身体做检查，现在回想起来仍觉美好。外祖父年逾古稀后，有一天因为心脏病发作，猛然间倒在了车站的月台上。虽然性命无碍，但丧失了行动能力，他就此卧床不起。四日市的私人诊所也随之关闭。

我去外祖父家中探病之际，他曾对我吐露出心声："我真是太可悲了。"

外祖父曾是家中的顶梁柱。如今他再也无法给病人看病，其他的一切，甚至就连吃饭都要外祖母照料。虽然外祖父为此而责怪自己，但外祖母每天笑容满面，一如既往、发自内心地深爱着外祖父。对我而言，外祖父依旧是我心目中最喜欢、最尊敬的人。

在之后的章节中我也将介绍到美国演员克里斯托弗·里夫（Christopher Reeve），他曾一度卧床不起，而后又恢复行动能力。假如外祖父能够直面自己丧失行动能力这一事实、无条件地接纳和热爱真实的自己，他会恢复行动能力吗？这一点无人知晓。

但我至少知道，外祖父告诉了家人，对于存在本身的爱究竟为何物。

☑ 自我肯定感、自我有用感和自我效能感

"自我有用感"即认为自己对他人有用的情绪，"自我效能感"即认为自己有能力完成某一行为的情绪。有些人往往将"自我肯定感"与它们共同使用，但将这三者混为一谈非常危险。

不论是婴儿，还是卧床不起的父母或外祖父母，从功利的角度看，其实他们都对家人起不到任何作用。不仅如此，从吃饭到排泄、再到更衣着装，他们几乎都需要有人从旁照料才行，因此他们很难拥有自我有用感。此外，他们也很难拥有自我效能感，其原因在于他们任何事情都无法独立完成。

他们对任何人都毫无作用、对任何事都无能为力，换言之，他们毫无自我有用感和自我效能感。但即便如此，他们依然能接受并热爱这样的自己，这即为本书所说的自我肯定感。

有人说:"顾客喜欢我,我的自我肯定感提升了。"这将"自己对顾客有用"的自我有用感和自我肯定感混为一谈了。

有人说:"我因病无法工作,我的自我肯定感下降了。"这将"自己有能力工作"的自我效能感和自我肯定感混为一谈了。

销售员当然应该努力讨得顾客开心,但最终顾客是否开心取决于顾客自身,销售员很难予以操控。因此,我们在考虑问题时应该区分开自我有用感与自我肯定感。

不论顾客开心与否,接纳并热爱努力让顾客开心的自己,这就是本书所说的自我肯定感。

能工作再好不过,但即使因为生病或意外事故而无法正常工作,自身价值也不会发生任何变化。即便如此依然能坚信自己富有价值、仍然能喜欢自己,这就是钢铁般的自我肯定感。

在此,我希望读者不要产生误解,自我有用感和自我效能感都是至关重要的概念。但如果没有坚定的自我肯定感,而只想提升自我有用感和自我效能感,这一行为无疑危险万分。

如果我们无法做到无条件地接受并热爱真实的自己，只是不断地提升自我有用感和自我效能感，未来会遭遇挫折和坎坷亦未可知。下文将对此展开深入讨论。

☑️ 提升自我有用感

如果我们尝试用自我有用感来弥补自我肯定感，情况会如何？

"自己想要对他人有用"的想法本身非常美好，但问题在于：想要提高自我有用感却讨厌真实的自己，认为自己一无是处、除帮助他人之外毫无价值。

在自我肯定程度较低的情况下只想提升自我有用感，便会无法区分自己想做和不想做的事情，甚至可能一并承担起自己不想做的事情。因为他人的一句"谢谢"而接连不断地承担起自己不想做和谁都不想做的工作，反而忽视了对自己至关重要的事，由此便会走上自我牺牲之路。

自己能对他人有用固然很重要，但个人梦想和休息时间也同样重要。当自我肯定感较低时，你会觉得自己无关紧要，你会将梦想抛诸脑后，为他人鞍前马后，最终使自己疲

惫不堪。

当你为了弥补自我肯定感，转而提升自我有用感之时，同样也会期待他人做出自我牺牲，并会将下述观点强加于对方之上：我都已经如此压抑自己、照顾他人了，你也必须要这样做。此外，你也无法发自内心地为他人的幸福而感到喜悦。

有个人曾为照顾病倒的母亲而放弃婚姻和工作，但当母亲重新恢复健康、醉心于自身爱好时，她却无法原谅如此幸福的母亲。她大概在想："我明明牺牲了一切去照顾你，你却撇下我独自一人幸福地生活，我无法原谅你。"

具有高度自我肯定感的人明白什么才是对个人来说至关重要的事。照顾母亲固然很重要，但自己的婚姻和工作也同样重要，有这样的顾虑是正常的。因此，自己无须独自包揽一切，请求他人从旁相助也未尝不可。

在自我肯定程度较低的情况下，只想提升自我有用感的人会出现的情况有：

- 承担起自己不想做的事。
- 不清楚什么是自己真正想做的事。
- 要求他人也牺牲自我。

- 关照过的人变得幸福后，自己则会心有不甘。

- 想要用他人的感谢来填补内心的空缺。如果关照过的人没有表达谢意，自己则会火冒三丈。

- 时常感到疲惫。

- 常常认为自己毫无价值。不管他人如何感谢都无法坦率地予以接受，对自身的厌恶感仍旧如初。

- 关照过的人一旦独立，便觉内心空虚。

另外，在具有高度自我肯定感的情况下，提升自我有用感的人会出现的情况有：

- 能够坦率地接受自己想做和不想做的事，不会承担起不想做的事。

- 了解自己真正想做的事是什么。

- 既不会自我牺牲，也不会要求他人牺牲自我。

- 关照过的人变得幸福后，自己将发自内心地感到喜悦。

- 关照他人原本是为了表达自己内心满溢的爱，即使不被他人感谢也不会生气。

- 重视自我的同时积极从事有益于他人之事，时常感到活力十足、精力充沛。

- 始终坚信自身的价值，即使不被他人感谢也不会气

馁，但当被人感谢之时则会坦诚接受，心中喜不自胜。

- 关照过的人独立后也不会感到内心空虚，反而会由衷地感到喜悦。

☑ 提升自我效能感

　　有些人明明已经取得了令人艳羡的辉煌成功，却因一念之差而走向深渊。例如：有的运动员退离一线后便迷失了方向，最终沾染上毒品；有的音乐制作人害怕劲敌动摇自身地位，惶惶不可终日，最终走上了犯罪之路；往日年级第一的优等生因在高考中失利，最终自暴自弃；某知名公司中，毕业于名牌大学的某员工已经步上精英之路，却因领导欺凌和自身过度劳累而精神崩溃……诸如此类的新闻不绝于耳。

　　无数人憧憬着有朝一日能够成为职业运动员，或是成为音乐制作人，或是考入名牌大学，入职一流公司，抑或从无数更为激烈的竞争中脱颖而出，但真正实现梦想者寥寥可数。很多人认为，那些已经实现梦想的人理应具有高度的自我效能感。他们会认为：自己可以成为职业运动员，自己可以作为音乐制作人大显身手，自己可以考入名牌大学、入职

一流公司……

人的成功方式可以分为两种：一种是讨厌自己的成功法；另一种则是热爱自己的成功法。

有一类人讨厌真实的自己、认为真实的自己毫无价值，他们在自我肯定程度较低的情况下也可大获成功。这类人认为没有人会爱真实的自己，只有成就非凡的事业并证明自身价值才会受到他人喜爱。为此，他们会付出超乎寻常的努力。

他们在人生顺遂之时乍一看自信满满，生活看起来也十分幸福，其原因在于他们用高度的自我效能感来掩盖自我肯定感较低的事实。

然而，他们自身存在的价值依赖于自己拥有完成某一行为的能力，一旦事情无法顺利完成，其厌恶的真实自我便会浮出水面、暴露无遗。他们最终会难以忍受，做出伤害自己或伤害他人的事情。

在此类人当中，有人因恐惧上述情况发生，一旦成功到达某一高度便止步不前。他们认为一旦失败就说明自己毫无价值，故步自封则更为妥当。

除此之外，这类人的特征还表现为：他们坚信自己极为优秀，即使涉足一无所知的全新领域也会从一开始就设定高不可攀的目标，之后很快就会遭遇挫折并以失败收尾。

与此相对，真正热爱自己并取得成功之人，即具有高度的自我肯定感、接受并热爱真实自己的人则会接连不断地挑战新事物并朝前迈进，即使受到挫折也毫不气馁。

具有高度自我肯定感的人努力奋斗并不是为了向自己和他人证明自身存在的价值。即便自己卧病在床也具有存在价值，这又何须向他人证明呢？他们并非想用成功换取他人的认可和喜爱，因此能够接连不断地挑战新事物。

此外，他们并不想通过高目标的实现来证明自身价值，因此在挑战全新领域时设定的目标也会较为切实可行。即使进展不顺他们也不会灰心丧气，而是会接连不断地尝试用全新方法去实现目标。

在自我肯定程度较低的情况下，只想提升自我效能感的人会出现的情况有：

- 事情进展顺利时一切安好，一旦进展不顺则会崩溃。
- 不想放弃曾经获得的较高地位，故步自封，不再挑战新事物。
- 挑战新事物时设定不切实际的目标，很快就会遭受挫

折并以失败收尾。

另外，在具有高度自我肯定感的情况下，提升自我效能感的人会出现的情况有：

- 事情进展顺利自然欣喜万分，但即使进展不顺也能坦然接受。

- 不以地位高低评价自我，无论何时都能放下包袱、从低起点出发，不断挑战新事物。

- 挑战新事物时设定切实可行的目标，努力奋斗，直到成功。

☑ 自我肯定感有别于自我中心思维

自我肯定感即为如实地接纳和热爱自己，它与自我中心思维到底有何不同呢？想必很多人都在为区分这二者而苦恼吧。重视真实的自己、照顾并考虑到自己的情绪，这样做是不是任性自私、会不会骄纵自己？

具有高度自我肯定感和具有自我中心思维的人的本质区别在于他的心中是否充满着真正的爱。

具有高度自我肯定感的人内心充满着爱，其对象包括自己在内的所有人。他们能够如实地接受并热爱所有人。

另外，自我中心思维的人乍一看似乎非常爱自己，但实际上，他们心中缺乏对自己和对他人存在本身的爱（前文业已说明，对于存在本身的爱相当于对婴儿无条件的爱）。你能接受特定情况下的自己，却无法如实地接受任何情况下的自己。与此同理，你也无法如实地接受他人。

　　有些人以自我为中心，如那些看起来对自身外貌抱有高度自信的人。他们热爱自己的附加条件是任何人都没有自己貌美。一旦年老色衰，或是因疾病、意外事故而变丑，他们便会立刻失去对自己的热爱。此外，他们会瞧不起姿色不及自己的人，而当容貌远胜于自己的人出现时，他们则又会妒火中烧。白雪公主的继母即为此类人的代表。

　　具有高度自我肯定感的人能够接受并热爱真实的自己。即使上了年纪，或因疾病、意外事故而导致容颜变丑，他们仍能一如既往地热爱自己。此外，这种爱也并非来源于与他人之间的比较，因此他们也不会以外貌评判人孰优孰劣。之所以如此，是因为他们明白所有人都有属于自己的美。

　　自我中心思维的人肯定自己附加上了某种条件，所以他们的内心深处常怀恐惧：会不会出现远胜于己之人？自己是否已经年老色衰、江郎才尽？他们会接连不断地通过整容、穿戴名牌服饰等方式来掩盖自己内心的不安。他们或是要买辆豪车，或是要炫耀一下自己的能力，总之就是要证明自己胜过他人才肯罢休。

　　具有高度自我肯定感的人肯定自己的存在本身不附加任何条件，他们心如止水，心中总是洋溢着爱。他们确定自身价值不依赖于与他人之间的相互比较，如果出现远胜于己之人，也不会感到恐惧，而是会真诚地为之感动、给予赞赏。

他们接纳和热爱自己与自身相貌与才华都毫无关系，他们不会为自己年老色衰、江郎才尽而忧心忡忡。男生或是梳理头发或是穿着自己喜欢的衣服，女生化妆、做美甲，但这些行为都不是为了彰显自身优势，而只是单纯地重视自己。他们有时候买名牌商品或是买豪车，这并非为了炫耀，而是真正看中了它的款式风格与品质。他们比任何人都要肯定自己，因此无须炫耀自身能力、证明自己比他人更为优秀。

自我中心思维的人的特征包括：只关心自己、只认可赞同自己观点的人等。他们无论看起来多么自信，内心中却是常怀忧惧，无暇纯粹地给予他人关心和关爱。他们不注意留心体察对方的情绪，不会说一些或是做一些能让对方产生积极情绪的话语和行为，而是时常在意对方对自己的评价。另外，自我中心思维的人模糊了自我与他人的界限，要求对方完全同意自己的观点，如有意见相左者则欲将其完全排除在外。

另一方面，具有高度自我肯定感的人内心之中总是充满着爱，既能接受、热爱并珍惜自己，又能纯粹地关心他人，如实地接受、热爱并重视对方。他们就像平时对待自己一样对待对方，时常能够照顾到对方的情绪并尽可能地发表一些积极向上的言论，以使对方生活变得更加幸福美满。

如能得到对方的肯定自然极好，但这却非必要，他们丝毫不在意他人的看法。之所以能如此，是因为他们能够充分地肯定自己。他们认为人各有异是理所当然的，并且能够明确地划清自我与他人的界限，并不要求对方完全赞同自己的观点。如有志同道合之人自然欣喜万分，但有意见相左者也不会将其排除在外。

自我中心思维的人的特征包括：

- 心中充满恐惧（包括嫉妒、愤怒等情绪）。

- 瞧不起人。

- 炫耀并意图证明自己的优秀。

- 认为自己的所有物决定自身价值。

- 只关心自己，不关心他人。

- 对方未能完全同意自己的观点便不罢休。

另外，具有高度自我肯定感的人的特征包括：

- 心如止水，内心充满爱。

- 不评判他人，不给他人分高下。

- 毫无炫耀或证明自己优秀的必要性。

- 认为自身价值即自己存在本身。

- 既关心自己又关心他人。

- 即使有意见相左者也毫不在意。

☑ 高度的自我有用感、自我效能感、自我肯定感

阅读至此，想必大家已经对自我肯定感、自我有用感、自我效能感和自我中心思维的区别了然于胸了吧。

有一些人在想要提升自我肯定感之际，却可能会误将自我肯定感认作自我中心思维，因而心怀罪恶感并止步不前。我希望他们能够了解到"坦率地肯定自我"并非坏事。接受并热爱真实的自己无须经过任何人的同意。为了能够如实地接受并热爱他人，让我们一起积极地提升自我肯定感吧。

迄今为止，将自我有用感、自我肯定感、自我效能感混为一谈的人需要明确自己到底是属于哪一种类型。假如是自我有用感这一类，那么只要能够帮助他人，他们就会感到高兴。

但是，这到底是幸福的自己想要分享满满的爱意、想要帮助他人的喜悦，还是不幸的自己觉得自己无关紧要，至少想让他人开心并获得他人感谢的喜悦呢？虽是同一种喜悦感，但两者却天差地别。

前者是在自我肯定感较高的情况下将满满的爱意分享给他人的喜悦，而后者则是在自我肯定程度较低的情况下从他人那里获取微乎其微的爱意的喜悦。

假如是自我效能感这一类，那么只要觉得自己能做点什么，他们就会感到高兴，但应反思这种喜悦到底源于下述哪一种情况。

一种情况是，自己对任何事情都无能为力，却能接纳并热爱自己，在此基础之上不论是为己还是为人，都能将自己的能力发挥到极致，活出精彩人生。另一种情况是，认为真实的自己很差劲、毫无存在的价值，因此依赖于做事发现自我价值。

两者大相径庭，前者是建立在"完全肯定真实自我"的基础之上获得的喜悦，而后者则是在"完全否定自我"的基础之上获得的喜悦。前者根结盘踞，无可动摇，而后者则系之苇苕，基础不牢。

曾有消息称，在美国佛罗里达州，一栋豪华的十二层海滨高级公寓突然倒塌，引发灾难性事故。如果将自我肯定感比喻为外部看不见的公寓根基，那么自我有用感和自我效能感就像是看得见的高级公寓。不去提升自我肯定感，而是用自我有用感和自我效能感来掩饰自我肯定感较低的事实，这样的生活方式万分危险。其原因在于，在外人看来，这样的生活顺利而又幸福，其本人也持同样观点，但事实远非如此。

如果你的自我肯定感极其低下，你却只想着提升自我有用感和自我效能感，这就如同抱着一枚定时炸弹。我想重申一遍，自我有用感和自我效能感也都是至关重要的概念。但问题在于，本人不去提升自我肯定感，也没有意识到自我肯定感的重要性，而是只提升自我有用感和自我效能感。

如前所述，佛罗里达州突然倒塌的高级公寓就像是一座乐园，在上面我们能看到广阔无垠的蔚蓝色大海。高级公寓的居民和每天路过的行人恐怕无人知晓公寓的地基已腐烂不堪。同样，父母在孩子独立后会感觉自己一无所有，既孤独又毫无价值。公司倒闭后，职工也会觉得自己的人生已经宣告终结。

如果你不打好自我肯定感的地基，而是一味追求行善、利他和成功，这样就很有可能会因为意外事故而穷途末路。

☑ 仅扬汤止沸，自我肯定感不会提升

如果每个人都能幸福地生活在心爱之人身边、逐渐实现个人梦想，又有谁会不愿意呢？

但很多人并不期望这样的人生。我想他们一定会认为这不过是无稽之谈，毕竟世界上有那么多心术不正、惹自己生气的人，身边又怎么可能全是自己心爱的人呢？实现自己的梦想也不过是空中楼阁、痴人说梦。

他们或许将梦想遗忘在了某处，或许也会有很多人认为：自己根本就不配期望这样的人生。

他们读了各种各样关于自我启发的书，努力喜欢自己、让人生好转，但自我肯定感却一点儿也没有提升、人生也并未如愿发展……恕我直言，他们迄今为止一直都在使用扬汤止沸的应对方法，这就是根本原因。

如果有人为蛀牙而苦恼，只要他未能找到引发蛀牙的

根本原因并对症下药，那么即使他每长一次蛀牙就去治一次，治好了一颗也会新长一颗，如此循环往复毫无意义。如果他只是找出引发蛀牙的食物、提高刷牙频率和牙线的使用频率，而未能找出引发蛀牙的根本原因并对症下药，蛀牙就会一直长下去。反过来说，如果他能从根本上予以解决，并注意饮食、积极刷牙和使用牙线，就能大幅度防止蛀牙的出现。

自我肯定感甚至对于我们的整个人生也是如此。如果感觉到"领导表扬了我，我的自我肯定感提升了；同事批评了我，我的自我肯定感下降了"，你就会为了得到领导的表扬、为了不遭受同事的批评而努力。这种做法其实更像是上述应对蛀牙的扬汤止沸的方法。在此情况下不论你多么努力，一旦组织结构发生变化，你与不认可你工作成果的领导和同事相遇时，你的自我肯定感就会下降，你的根本问题并未能得以解决。

我们如何才能走出怪圈、拥有任何情况下都坚定不移的自我肯定感呢？那就是找出让自我肯定感起伏不定的真正原因，并从根本上解决问题。

☑ 自我肯定感起伏不定的真正原因

到底为什么自我肯定感会起伏不定呢？在其真正原因尚未明确之际努力提升自我肯定感就好比身处黑暗之中，与看不见的敌人在交战。

在日常生活中，如果你的自我肯定感起伏不定，那是因为你的自我肯定和自我否定都附加了条件，诸如：

- 外表（脸、头发、身高、体重等）。

- 成绩和学历。

- 工作、职位和职业经历。

- 存款金额和收入。

- 朋友数量和人缘（社交平台账号的点赞数和粉丝量等）。

- 有无伴侣（已婚、未婚）。

- 家人和亲戚。

- 才华和能力。

- 性格。

- 行为和习惯。

- 自己过去做过或没做过的事。

- 过去发生在自己身上的事。

- 自己现在正在做或没有做的事。

- 正发生在自己身上的事。

你接纳和热爱自己时是否附加上了某种条件呢？例如：

"我喜欢体重保持在 50 千克以下的自己，我不喜欢超过 50 千克的自己。"

"我喜欢成绩好的自己，不喜欢成绩差的自己。"

"我曾惨遭父母虐待，不论是现在还是未来，我都不会喜欢自己。"

"自己霉运连连，没有人在意我，我不值得被爱。"

本书所说的"自我肯定感"，即排除其他一切条件，无条件地接受并热爱自己。换言之，无论体重是否超过 50 千克，都要如实地接受并热爱自己。无论自己是否霉运连连，都要肯定真实的自己。

在此希望读者不要产生误解，我绝非表示体重不断增长无所谓。为了美观和身体健康，制定目标，希望将体重始终保持在标准体重，这一点毫无问题。但不同之处在于我们对待这件事的态度。

● 造成自我肯定感起伏不定的态度。

"我讨厌胖胖的自己，只喜欢苗条的自己。所以无论如何，我的体重必须始终保持在 50 千克以下。"

● 保持高度自我肯定感的态度。

"无论胖瘦，我就是我。无论胖瘦，我都很喜欢。但是为了美观和身体健康，我觉得还是将体重保持在 50 千克以下为妙。我将为此而努力。"

乍一看这两种态度似乎差别不大，其实不然。前者是在否定、厌恶自己的情况下付出努力，而后者则是在肯定、热爱和鼓励自己的情况下付出努力。

或许这样想会更加容易理解：领导无视你的个人存在、只以工作成绩评判人，你想在其手下长期任职吗？如果领导对你说"真实的你毫无价值，快拿出成果来证明你的价值"，你还想终其一生在他手下努力奋斗吗？如果因为一时拿不出成果就否定你，与这样的领导共事想必也是痛苦万分。即使自己一时之间能取得成果，之后也必然半途而废。

另外，如果你的领导能够接受并热爱你的存在本身，你取得成果他会与你同乐，你未能取得成果他则会鼓励你并给出一些建设性的意见，那么你的工作将快乐无比。从长远来看，你也更容易不断收获丰硕成果。

在人生旅途中，和自己相伴时间最长的既不是父母，也不是伴侣，而是你自己。如果自己总是指摘自身缺点，长期与自我相伴必然痛苦万分。人活百年，自己的梦想和目标无须与别人比较，只要以合适的个人节奏慢慢倾注光阴并将它们一一实现即可。此时，你所需要的无非一个具有高度自我肯定感的自己。

☑ 四大要素

在前文中，我们了解到影响你的自我肯定感起伏的附加条件。接下来，本书将从其他角度出发，试着重新将它们分为以下四类。

要素一：他人的评价。

例："朋友说我缺乏女性魅力，我的自我肯定感下降了。"

"领导表扬了我，我的自我肯定感提升了。"

要素二：与他人比较下的自我评价。

例："得知小 A 的人脉比较广后，我的自我肯定感下降了。"

"得知自己的工资高于平均薪资水平时，我的自我肯定感提升了。"

要素三：失败与成功。

例："创业失败，我的自我肯定感下降了。"

"在本地的马拉松比赛中荣膺桂冠，我的自我肯定感

提升了。"

要素四：意外事件。

例："因病或遭遇事故卧床不起，我的自我肯定感下降了。"

"中了彩票，我的自我肯定感提升了。"

他人给予的评价、与他人比较下的自我评价，自己对于失败和成功、意外事件的看法，上述四大要素使很多人的自我肯定感起伏不定。

反过来说，无论这四大要素如何变化，只要我们不被它们左右，并且学会如何接纳和热爱自己，就能拥有永不下降的钢铁般的自我肯定感。

在第三章中，我们将针对这四大要素展开详细的讨论。

第三章

影响自我肯定感
起伏的四大要素

☑ 要素一：他人的评价

"朋友说我缺乏女性魅力，我的自我肯定感下降了。"

"领导表扬了我，我的自我肯定感提升了。"

想必有很多人在日常生活中因受到他人评价的影响而自我肯定感起伏不定吧。我们也时常能耳闻一些极端事件，例如：当事人被恋人抛弃后自杀，或是反过来杀害了抛弃他的恋人等。我想这大概是因为当事人被恋人抛弃后，感觉自己被全盘否定、自我肯定感几乎为零，所以酿成了悲剧。

贝尔纳·罗瓦索（Bernard Loiseau）既是法国米其林三星餐厅的主厨，又是直接从事各类食品行业的实业家。他于2003 年自杀。据说其他的餐厅指南对他的米其林餐厅评价过低，他害怕失去米其林的三星评价，于是选择了自杀。

实际上，他的餐厅仍然维持了三星评价。《勃艮第之星》（*Burgundy Stars*）一书中详细记述了他为获得米其林两星评价的全部奋斗历程，他努力想尽一切办法，包括组建团队、寻求最优质的食材、花费大量资金装修餐厅等。

为什么人们会如此在意他人的评价呢？其中的原因之一是：人类刚出生时任何事都无法自理。对无法独立挣钱的孩子而言，唯有"对父母言听计从"这一条路可选。如果让父母大发雷霆，可能连饭都吃不上了。

或许亲子双方都没有意识到：对孩子而言，父母的评价至关重要。并且，几乎所有的父母都希望孩子在学校里也能听从老师的话，做一个乖孩子。因此，老师的评价也同样对孩子很重要。

要想摆脱对他人评价的过度依赖，我们就要留心注意自己幼年无助时培养的思维模式和相关行为模式，即"如果不被他人评价我就无法生存，行为的目的在于获得他人的评价"，并且有意识地对其予以改变。

这一点我将在后续章节里详加说明，长大成人后，我们的生存不再受到他人评价的影响。因此我们做事时，不必以"获得他人的认可"为动机。

如果能够获得多数人的高度评价，我们当然会喜不自胜。但只要他人的评价对你有着绝对的影响，你的自我肯定感就会像过山车一样剧烈地上下起伏。你最终也无法掌控他人对你做出的评价。只要你在追寻此类绝无可能之事，就永远也无法得到稳定的自我肯定感和内心的安宁。

如果你会受到他人评价的严重影响，你现在可以立即做两件事：

第一件事：下定决心不在乎他人的评价。假如你是主厨，你最重要的目标不是取得米其林的三星评价，而是用优质的食材，用心做出自己满意的菜品并营造出合适的用餐氛围，让更多人能够享受其中。前者的目标不可控，而后者的目标可控。

第二件事：不要与经常贬低你和对你施加语言暴力的人来往。即使那个人是自己单位的领导或学校的老师，如有必要，我们也可以选择换工作单位或转学等。

☑ 要素二：与他人比较下的自我评价

"得知小 A 的人脉比较广后，我的自我肯定感下降了。"

"得知自己的工资高于平均薪资水平，我的自我肯定感提升了。"

除了他人的评价，很多人还会因为自我评价而时喜时忧，自我肯定感起伏不定。如果你会被与他人比较下的自我评价左右，那么这可能源于你从小建立起来的人生观。

想必有很多人相信成功的人生就是尽可能取得好成绩，考入一流的大学，入职知名公司，和优秀的人结婚，在职场上出人头地等。为此，他们努力学习、认真参加求职和婚恋活动等。

如果我们始终坚信上述事项即为人生和生活本身，那么我们理所当然地会认为取得比他人更好的成绩、掌握比他人更广阔的人脉、赚取比他人更丰厚的薪酬就是成功的人生和生活的意义。因此自我肯定感自然会受到与他人比较下的自我评价影响，并且起伏不定。

要想拥有钢铁般的自我肯定感，就必须建立起一个崭新的人生观。换言之，即拥抱共创型社会。换用日本诗人金子美铃[①]的诗句来表达，共创型社会是一个"我们不一样，我们都很棒"[②]的社会，人没有优劣之分。人生的目的并不在于活得比他人更优秀，而在于每个人都能将自己的潜力发挥到极致，为自己和他人服务，共同创造出一个更加美好的社会。

所谓"我们不一样，我们都很棒"，是指有人人脉广，有人人脉窄，但二者之间没有优劣差别，他们都很棒，只是朋友数量的差别。工资也是相同的道理，不同的人年收入各不相同，但他们都很棒。

然而，在此我们并非在否认成长的意义，也并非在教导那些不满足于现状的人原地踏步。如果你想拥有像小 A 那样比较广的人脉资源，你可以先完全肯定现在"人脉过窄的

[①] 金子美铃（1903—1930），日本儿童文学界的童谣诗人。——译者注

[②] 出自金子美铃的诗《我和小鸟和铃铛》。——译者注

自己"，并从小 A 那里学习拓展人脉的方法，或是积极地创造出与更多人见面的机会。即使自己人脉窄也可以拥有上不封顶的高度自我肯定感。真正的自我肯定感是指能在任何时候、任何状态下都能如实地接纳自己。即使自己现在的朋友很少，但只要接纳并热爱自己，在此基础之上不与他人竞争，而是以自己的节奏慢慢地享受生活，增加与他人见面的机会即可。

各种各样的常识围绕在你周围，如你的成长家庭中的常识、就读学校中的常识，或是在范围更为广大的国家中的常识等。即便如此，你自己的常识也会大幅度地影响着你的自我评价。

假如你是男人，你认为"男人是一家之中的顶梁柱，维持着家庭的生计"，这一常识是否会使你觉得工资比女人低是一种耻辱，尽管现在你从事的是自己喜欢的工作，但这却降低了你的自我肯定感呢？

假如你是女人，你认为"抚养子女应该由女性承担。一个称职的母亲，每天都要做出丰盛的菜肴以对孩子进行饮食教育"，如果这一常识与你想要工作的念头之间产生了冲突，你是否会认为自己是一个不能好好抚养孩子、不称职的母亲，因而降低自我肯定感呢?

所谓的"常识"，是指在某一时代里，属于某一群体的多数人相信的事情，它并不是绝对正确的。回顾人类的历史，一直都是那些质疑常识，做出有悖于常识之事的人在改变世界。例如，在女性不具有投票权的时代里，一小部分人对此进行质疑并积极采取行动，他们最终改变了历史。

如果你认为自己的常识问题多多，那么你可以一一进行排查，之后再不断地抛弃那些不再需要的过时常识，你的自我肯定感则将逐步提升，最终不会动摇。

✅ 要素三：失败与成功

"创业失败，我的自我肯定感下降了。"

"在本地的马拉松比赛中荣膺桂冠，我的自我肯定感提升了。"

如果说一直以来你都被失败和成功左右，那是因为你错误地理解了失败、成功和生存的目的。反过来说，想要拥有钢铁般的自我肯定感，只需要从根本上重新思考生存的目的，改变对于失败和成功的认识即可。

斯坦福大学心理学教授卡罗尔·德韦克（Carol Dweck）在《终身成长》（Mindset）一书中曾将人的思维模式分为两类：一类为具备"成长型思维模式"的人生，即认为人是随时都可以改变的；另一类则是具备"固定型思维模式"的人生，即认为人的性格和能力是固定的、人是无法改变的。

德韦克教授在观察孩子解决不同难度的拼图问题时，将孩子分为两类：一类是重复解决同一拼图的孩子；另一类则是不惧失败、愉快地挑战一个又一个高难度拼图的孩子。

德韦克教授曾表示，拥有固定型思维模式的人认为个人的性格和能力是固定的，他们认为人生的目的即在于证明自己原本拥有的能力。就解决拼图的孩子而言，第一类孩子就拥有这种思维模式。这类具备固定型思维模式的人一旦取得成功，就不会再继续向前挑战。挑战失败即证明自己毫无能力，因此他们极其畏惧失败。

而具备成长型思维模式的人认为个人的性格和能力是可以改变的，他们认为证明自身能力毫无意义，生存的目的即在于进一步提升自己当下的能力，因此他们不仅不畏惧失败，反而不把失败当作一回事，接连不断地去挑战新事物。愉快地挑战越来越难的拼图的孩子就是属于此类。

具备成长型思维模式，"我创业失败"可以被重新理解为"我没有坚持到创业成功为止"。"我在本地的马拉松比赛中荣膺桂冠"则说明那场马拉松比赛对自己而言过于简单，下次要报名参加全国马拉松比赛，或是去挑战铁人三项运动。

如果一个人长期具备成长型思维模式，那么他对于失败和成功的定义将发生翻天覆地的变化。对他而言，"失败"即为畏惧失败而不去挑战新事物。换言之，因畏惧失败而一味地解决同样难度的拼图本身就是一种失败。

而"成功"则是指提升自己当下的能力。即使新的拼图看起来相当困难，要想拼好需要经历一番苦战，但因为这样做能提升自己的能力，而提升能力本身就是一种成功，所以本人会很享受新的挑战，并将身为挑战者的自己视作成功者。

☑ 要素四：意外事件

"因病或遭遇事故卧床不起，我的自我肯定感下降了。"

"中了彩票，我的自我肯定感提升了。"

在这个世界上，有些人虽因病或遭遇事故卧床不起，但他们仍能保持高度的自我肯定感；有些人一中彩票后就产生了自我肯定感提升的错觉，之后沉溺于挥霍、赌博等，最终比中彩票前更加贫穷和不幸，自我肯定感也降至最低点。

饰演"超人"的美国演员克里斯托弗·里夫（Christopher Reeve）就属于前者。他在 42 岁时参加马术比赛不慎落马、摔伤导致脊髓受损。他在事故发生的 3 年前才刚结婚，同时他还是 3 个孩子的父亲。

常言虽道，人不会有无法跨越的考验，但年仅 42 岁的"超人"肩膀以下完全瘫痪、不借助人工呼吸器就无法呼吸，其绝望感令人难以想象。

里夫很疼爱自己的孩子，非常珍惜与家人在一起的时光。非工作时间里，他也常与妻儿一起运动锻炼、参加户外活动。这样温柔的里夫不仅无法参加工作，更无法履行父亲和丈夫的职责，这一切都令他悲恸欲绝。

他曾在自传中讲述一度考虑过自杀。然而，就在家人的支持和他强大的意志力下，里夫一次又一次地做到了医生所说的"绝无可能之事"。虽然医生曾断言里夫绝对无法自由活动身体，但他的手却逐渐能活动了。

从里夫落马那天起，到他52岁逝世，这10年间他所取得的成就令他无愧于"超人"这一头衔。摔伤后的第三年，他成了电影导演。又过了一年，他参演了电视剧，还撰写了2本自传。此外，他还在脊髓损伤和干细胞领域研究方面开展了各项宣传活动，为这些研究的发展做出了贡献。

假如自己遭受里夫这种程度的灾难，很多人的自我肯定感将陡然间降至无限接近于零的状态。

里夫一定在脑海中无数次闪现过这样的念头："我是否不再拥有生存的价值？""我是否被生活抛弃了？"

即便如此，里夫依然坚信自己拥有生存的价值、没有被生活抛弃，并且决定接纳、热爱身体残疾的自己。

　　无条件地热爱和肯定自己，便是像里夫一样，即便往昔能为之事现已无能为力，也要从存在本身接纳和热爱自己。

　　请别再为自己遭受的灾难而唉声叹气，想想现在的自己能够做些什么，并且积极地活下去。

　　里夫言传身教，将这些道理告诉了他周围的人以及广大读者。

第四章

制订计划，建立起
钢铁般的自我肯定感

☑ 拥有钢铁般的自我肯定感

阅读至此，我想大家都已明白在条件附加下的自我肯定感只要被前文所述四大要素左右，就永远也无法稳定地保持在较高水平。附加条件虽然变化莫测难以掌控，但你的存在本身则是恒常不变的。

当你还是婴儿时，你对自己的爱即为真正的自我肯定感。即使自己对任何人都毫无作用、对任何事都无能为力，但仍然能热爱这样的自己，换言之，即热爱自己的存在本身。

从现在开始，我将告诉大家如何才能培养出高度自我肯定感并始终将其保持在较高水平，即培养出钢铁般百折不挠的自我肯定感的具体计划和方法。

可能仍会有读者对此心存疑虑："百折不挠的自我肯定感？这不过是无稽之谈吧。即使他人做得到，我也不行……"

在此，请容许我重申一遍：无论你现在是 15 岁还是 95 岁，你都有机会从今天开始、从现在开始拥有钢铁般的自我肯定感。无论你目前身处何等状态之中，是失恋、公司倒闭或是罹患重病，即使身处失意落魄的环境之中，你都能以今日为界，拥有钢铁般的自我肯定感。

其原因在于，自我肯定感即为自己所下定的决心。

现在，你只需要下定决心相信："不管过去如何、现在怎样，未来又会有何变数，我都会接纳并热爱自己。我会陪伴自己一辈子，做自己的好朋友。"

这句话虽稍显冗长，但是将其设做手机壁纸亦无不可吧。当内心快被过往之事占据之际，请回想一下这句话并停止一切对自己和对过往之事的谴责吧。即使你现在置身于意外事件之中，它可能会降低你的自我肯定感，也请回想一下这句话，并且完全肯定自己。此外，无论未来发生什么，都请回想一下这句话并立刻调节、转换自己的情绪。

在此请读者不要产生误解：即使具有高度的自我肯定感，也不会有人为自己遭遇车祸而欢欣雀跃；同样，也不会有人在心爱的人提出分手之际欣喜若狂。自我肯定程度较低的人和拥有钢铁般的自我肯定感的人之间的决定性区别在于，当自我肯定感快要下降之际，能否在瞬间予以阻止。其中的关键之处在于能否快速调整情绪。

接下来，我将为大家介绍一个能够快速调节和转换情绪的方法。让我们一起制订计划，建立起钢铁般的自我肯定感吧！

☑ 明确目前的自我肯定程度

一旦确定最终要建立起钢铁般的自我肯定感，我们应该先明确目前的自我肯定程度。让我们一起来对照一下自我肯定程度吧（见图 4-1）。

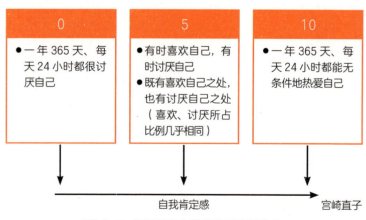

现在的你处于哪一个阶段？

0	5	10
●一年 365 天、每天 24 小时都很讨厌自己	●有时喜欢自己，有时讨厌自己 ●既有喜欢自己之处，也有讨厌自己之处（喜欢、讨厌所占比例几乎相同）	●一年 365 天、每天 24 小时都能无条件地热爱自己

自我肯定感　　　　　　　宫崎直子

图 4-1　你目前的自我肯定程度是多少

你目前的自我肯定程度又如何呢？检测自我肯定程度的

目的并非在于让你了解现状后情绪低落，而是帮助你在了解现状的基础之上，制订相应计划，达到 10 的状态，即拥有钢铁般的自我肯定感。这一点无须和他人比较。

值得庆幸的是，当你的自我肯定程度超过 5（比如达到 7 或 8）时，你的自我肯定感将永不会下降。如果你目前的自我肯定程度是在 5 以下，你可以先以 5 为目标，之后再以 7 为目标。

☑ 了解影响自我肯定感上下起伏的条件和要素

在我们用自我肯定程度表明确了自己目前的状态后，接下来让我们一起来看一看，到底是什么样的条件和主要的外部因素影响了你的自我肯定感的起伏。如果将提升自己肯定感的过程比作一趟旅行，那么了解相应的条件和要素就好比是在旅行出发前，事先获悉旅途中必须克服的障碍。

在第二章中，我们列举了影响自我肯定感起伏的附加条件。我们先从这份名单中挑选出对你产生最为重大影响的前三项附加条件。

之后将我们每天都将在意之事具体写下。在上一节中，自我肯定程度在 5 以上的人，应该比较容易做出选择。

也许在自我肯定程度小于 5 的人里，有人会受其全部影响，难以做出选择。在此情况下请勿勉强，先选出你最想要关注的三项附加条件。

以小 A 为例：影响小 A 自我肯定感起伏的条件。

1. 外表（随着年龄的增长，体重、皱纹和白发不断增加，令人十分在意）。

2. 性格（讨厌懒散的自己。烦恼之源在于自己既舍不得扔东西又不善于收拾整理，家里总是乱七八糟的）。

3. 自己过去做过的事（孩子虽已独立，但自己总是忙得焦头烂额，又非常焦躁不安。自己总抽不出时间来和孩子轻松地对谈，有时候还会懊悔自己拿孩子出气）。

在第三章中，我们了解到自己容易受到哪些主要因素的影响。接下来，让我们一起来想一想你今后的该做之事。

要素一：受到他人评价影响的你面临的课题是

• 从语言层面、思维层面和行为层面予以改变，打造出不在意他人评价的自己。

• 不与使用语言暴力的人来往。

要素二：受到与他人比较下自我评价影响的你面临的课题是

• 拥抱共创型社会。

• 找出束缚住自己的常识，并逐渐抛弃它。

要素三：被失败和成功左右的你面临的课题是

• 从语言层面和思维层面予以改变，重新定义你所认为

的"失败"和"成功"。

- 根据新的定义逐渐采取行动。

要素四：被意外事件左右的你面临的课题是

- 从语言层面和思维层面予以改变，重新理解"意外事件"对你的意义。

- 无条件地热爱和肯定自己。

在下一章中，我们将详细说明提升自我肯定感的具体方法。至此，我们应该先夸奖自己："我能够直面自我，真是太棒了！"之后再鼓励自己："即使目前的状态并不理想也毫无关系，我也可以改变它。"

即使你现在并不清楚具体的提升方法也毫无关系。请你想象一下以下画面：当你开车出游时使用了车载导航，你已经在导航中确认了最终将抵达"钢铁般的自我肯定感"这一目的地，并且已经大致了解了行进路线、路途中的险要之处、相应的解决策略和回避方法。

你无须在瞬间完全了解所有的细节步骤，只需要一个一个地逐渐了解它们并将之付诸实际行动，就一定能够抵达目的地。

☑ 理解语言、思维和行为之间的关系

你已经通过自我肯定程度表了解到了目前的状态。你的最终目标是拥有钢铁般的自我肯定感。为此，你需要知悉前进过程中必须清除的障碍、自我设定的条件和外部的主要影响因素。

从你目前所处的位置出发，最终将抵达自己所期望之地，途中所使用的工具即为"语言训练""思维训练"和"行为训练"，这一点我将在下一章中详细介绍。在此之前，先让我们来一起了解"语言""思维"和"行为"之间密不可分的关系。

语言→思维

语言是思维的开关。如果你每天告诉自己"没有任何事情是只有男人能做到而女人做不到的"，思维就会开始收集相关证据。反之，如果你告诉自己"女人极为脆弱，有很多

事情女人无法做到"，思维也会开始收集相关证据。以上仅为举例，具体的自我对话内容由你自己决定。

思维→语言

思维通过语言表达。如果你认为"女人不同于男人，女人应该在社会中发挥支持男人的作用"，这种想法就转化为了"因为我是女人，所以……"这句话。

思维→行为

思维是行为的开关。例如："我为了健康而减肥"的想法与我重新调整饮食结构和减肥的行为息息相关。

行为→思维

行为可以印证思维的正确性，并能据此修正行为模式。例如：当你为了保持身体健康而使用某减肥法时，如果具体实行后卓有成效你会认为"我没想错，我还要继续坚持下去"。如果收效甚微，你则会认为"看来该减肥法并不适合我，也许采用其他方法效果会更好"。

此外，情绪也可以影响语言、思维和行为。

语言→情绪

语言不仅是思维的开关，也是情绪的开关。例如：不论自己向他人道谢，还是被他人道谢，你的情绪应该都会好转不少。

情绪→语言

情绪与思维同样通过语言表达。如果有人做出了令你火冒三丈之事，你会立刻怒不可遏、声嘶力竭地向他怒吼道："你为什么这样做？快住手！"

情绪→思维

情绪与语言同样是思维的开关。当你因未能获得预期结果而感到委屈时，你既能消极地认为"我讨厌这种委屈的感受，下次不要再继续挑战了"，也能积极地认为"想一想下次该怎么办，然后再努力挑战一次吧"。选择哪一种思维模式由你自己决定。

思维→情绪

思维可以控制情绪。即使你最初抱有消极的情绪，只要有意识地进行思考，就能立刻转化为积极的情绪。如果你为未能取得预期结果而感到失望，思维既能加深这种失望感"你看，果然做不到吧"，也能将其由消极转化为积极"我明白了此法不可行，它提示了这件事的正确做法，我期待下一次继续进行挑战"。

情绪→行为

情绪与思维同样是行为的开关。与思维相比，情绪是一

不自卑的勇气

个能更快速开启和关闭的开关。如果心上人或是至交邀请你去吃饭，你会连声答应，马上应允邀约。

行为→情绪

行为定格情绪。例如：你和至交一起去吃饭，非常开心。如此反复后，"和至交好友去吃饭＝开心"的情绪模式将被固定下来。

反之，如果你每次都是半途而废、三天打鱼两天晒网，那么失望和痛苦的情绪模式也会被固定下来。

从上述分析中我们不难看出，语言、思维、行为与情绪息息相关，相互作用和影响（见图4–2）。

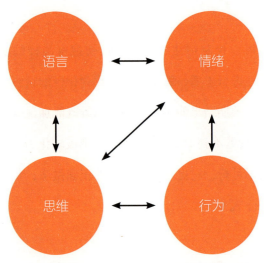

图4-2　语言、思维、行为和情绪之间的相互关系

在第五章、第六章和第七章中，我们将一起学习具体的训练方法。其顺序依照语言训练、思维训练和行为训练排列。一般而言，这样排列由易到难，但这并非固定的，先后顺序可以任意调换。其原因在于，这三者之间息息相关、相互作用。当你通过语言训练后，思维训练和行为训练则将变得轻而易举；通过行为训练后，语言训练和思维训练则更容易见效等。

第五章

培养钢铁般的自我
肯定感的语言训练

☑ 语言的存在先于一切：自我暗示法的效果

2005 年，美国国家科学基金会的一项研究结果表明，平均每个人每天会在脑海里闪过 1.2 万至 6 万个念头，其中 80% 的念头是消极的，95% 的念头与前一天完全相同。

此外，各种各样的实验也证明了人们只会在意自己关注的事物。我相信每个人都曾有这样的体验：刚换了新车后就发现，满大街都是自己的同款车；刚换了新发型后就发现，有很多人的发型与自己相同。

两名权威心理学家克里斯托弗·查布里斯（Christopher Chabris）和丹尼尔·西蒙斯（Daniel Simons）曾进行了一项名为"注意力选择测试"的实验，该实验证明了上述观点。我自己也通过观看视频尝试了类似的实验。

实验中，有两组成员在练习篮球传球。两组成员分别身着白色衬衫（白组）和黑色衬衫（黑组），他们在极近的距离内互相传递篮球。工作人员要求我们计算白组成员的传球次数。白组成员和黑组成员交相混杂、相互传球，我们极难看清他们的传球行动。我只顾着一味计算白组成员的传球次数，尽量不关注黑组成员，以避免漏算。最终白组成员的传球次数为 15，但我每次都只能数到 13 或 14 次。

不过，该实验的重点并不在于此，也并非计算黑组成员的传球次数。其实，就在我拼命地计算着白组成员传球次数时，一个身着大猩猩人偶服的人出现，又迅速离开了现场。因此该实验的重点是，你是否注意到了"大猩猩"的存在。对此，我只能给予否定回答，我完全没有注意到"大猩猩"的存在。

从上述研究和实验结果出发，我们可以说，每个人自我对话的内容各不相同，据此，每个人最终的人生也会千差万别。

如果你消极地思考问题，认为"我不行，我什么都做不好……"，并将其应用在自我对话中，大脑就只会收集负面证据。例如：你在某场考试中考得一塌糊涂、受到他人刁难、在运动中未能取得预期成果等。一旦开始，后面你就会收集到堆积如山的证据。

不过，如果你能积极地思考问题，并对自己说："我很棒。我决定要做的事，不管是什么都能做好"，那么你也会收集到同样多的证据。例如：考试取得满分、被他人温柔以待、在运动方面取得预期成果等。

如果你能将迄今为止对自己80%甚至更多的消极指令逐渐替换为积极，一年后你的人生将产生翻天覆地的变化。

在克里斯托弗和丹尼尔的实验中，我命令大脑只计算"白组成员的传球次数"。最终大脑自然无暇顾及黑组成员的传球次数，甚至连"大猩猩"都完全没有注意到。如果最初我告诉大脑："实验过程中会出现一只'大猩猩'"，并命令大脑关注，情况则又会如何？我想我应该不难注意到"大猩猩"的存在吧。

如果将"白组成员的传球次数"替换成"失败的理由"，将"大猩猩"替换成"机会"，就能明白该实验的真正用意。如果你命令大脑"寻找自己失败的理由"，你就只会收集到这些证据。但如果你告诉大脑"我一定能做好，机会一定会来临"，并命令大脑留心观察机会来临的时机，当机会（即该实验中的"大猩猩"）来临时，我们就不会轻易地错失良机。

　　自我对话的效果竟是如此强大。接下来我们将要谈到"自我暗示法"，即在自我对话中使用积极的语言表达。如果你能够将此法运用自如，就可以拥有高度而又稳定的自我肯定感。

☑ 主语"我"至关重要：高效的自我暗示法

在工作中我时常会接手一些翻译任务。在日译英时，常有一些棘手之处令我烦恼不堪。有的句子虽然我阅读起来毫无障碍，但我却无法用英语将其准确地翻译出来。一些含糊不清的语言表达在日语中能够成立。与此相对，在英语中如果不明确句子的主语和物品的单复数形式，句子就无法成立。

在自我暗示时，也有几个重要的注意事项，其中之一就是要敢于说主语"我"。"I am"也被人们认为是英语中极其重要的语言表达方式之一。其原因在于，一个人的自我印象由"I am"其后所做之事决定。为了提升自我肯定感，我们也需要树立起一个积极正面的自我形象。

下面让我们一起来总结一下高效的自我暗示法。

明确"我"之类的主语。

× 很喜欢我自己。

√我很喜欢我自己。

不使用过去时和将来时，使用现在时或现在进行时。

× 我的身体会健康的吧。

√我的身体很健康。

√我的身体越来越健康了。

不使用否定表达，而是使用肯定的语言表达。

× 我不再变得贫穷。

√我很富裕。

√我一天过得比一天富裕。

把愿望当作现实表达。

× 我想变得精力充沛。

√我的精力很充沛。

√我的精力越来越充沛了。

每天早晚都说一遍。

至少持续 21 天（3 周）。

在镜子前对着自己说也非常有效。

不仅要将它们说出口，还要一边说一边认为自己在现实中即为如此，并建立起积极正面的个人印象。

有时候也会有人问我："自我暗示是对自己撒谎吗？"对

此，我的回答如下。

第一，自我暗示是为了恢复自己原本的样子。换言之，自己现在认为的"真实"是谎言，而认为的"谎言"才是真实。

试举一例。假如你认为自己很丑是事实，但实际上这只不过是因为你以电视或杂志上备受赞誉的艺人和模特为审美标准。因此，你觉得自己很丑这一点反而是谎言。

每个人都有属于自己的美。回忆起这一点并让我们自己回归原本的样子，这即为"我很美"的自我暗示。如果你的内心仍有抵触情绪，也可以表达为"我有属于我自己的美"。

第二，自我暗示是通过预见未来的自己，让自己加速成为未来想成为的样子。

不论外界事态如何变化发展，或许有些时候，现在的自己也称不上是原先的样子。在此情况下，自我暗示法仍极具功效。假如我们现在毫无储蓄，这时最有效的方法是采用现在进行时的话语来暗示自己："我现在一天比一天过得富裕。"

接下来，我将介绍自我暗示法的具体步骤，其中的关键之处在于你要相信它的效果。

哈佛大学教授埃伦·兰格曾做过这样一个实验：她将酒

店房间的清洁工分为两组，她告诉并使其中一组的成员深信他们的工作（铺床、使用吸尘器等）具有锻炼身体的效果，对另一组成员则只字未提。几个月后，她比较了两组成员的情况，第一组成员取得了实际的效果，如体重减轻等。

限于本章篇幅，无法尽述自我暗示法的效果。如今，人们展开了对于自我暗示法效果的研究。包括奥运会选手在内，世界上有很多人都在使用自我暗示法。我希望大家能够相信自我暗示法的效果，并至少在 21 天内坚持不懈地使用自我暗示法。

☑ 最简单的自我暗示法

培养钢铁般的自我肯定感最简单的方法是每天暗示自己。

① "我很喜欢我自己。"

如果能在镜子前微笑则事半功倍。

本书的第四章曾介绍了自我肯定程度表，在程度表中目前的自我肯定感接近0的人，使用自我暗示法可能相当困难。如果自我肯定程度在5以上，即使稍微有些抵触情绪，但应该也能够顺利说出来。哪怕多少有些别扭，我也希望你能够对着镜子微笑着暗示自己。

那么，难以启齿的人又该如何？在此情况下不要使用现在时，转而使用现在进行时即可。

② "我每天都在一点一点地喜欢上自己。"

如果仍然感觉非常困难，那么下述语言表达也都是不错的选择。

③"我每天都在一点一点地学会喜欢自己。"

④"我每天都在一点一点地学习喜欢自己的重要性。"

即使是自我肯定感近乎零的人，也可以将④这样的话说出口吧。

有一些人对于本节开头的自我暗示"我很喜欢我自己"抱有抵触情绪，他们迄今为止应该在很多年内，每天都在对自己说"我很讨厌我自己"。当然，这或许是因为受到了小时候的家庭环境、在学校里发生的事情的影响。他们将这件事培养成了习惯，即使已经长大成人，他们也会一直对自己说：我很讨厌我自己。

但请你放心，当今的脑科学研究结果表明，实际上人即使在成年以后，习惯也是可以改变的。但在多数情况下，改变习惯并非一蹴而就的，它要求你坚持一段时间。虽然因条件不同导致情况各异，但据说至少坚持 21 天，即 3 周，你就能养成新习惯。

很难说出①这样自我暗示的话的人，先从④开始亦无不可。如果在 21 天内坚持使用④暗示自己毫无问题的话，我希望你在这之后用③坚持 3 周，再用②坚持 3 周，最后用①坚持 3 周。这种方法的要领在于最初并非直接说出①这样的话，而是从④开始逐级提升。另外，如果你对自我暗示法的抵触情绪有所缓解，并且想要加速改变自己的话，可以尝试着用"逐渐地""不断地"之类符合自己改变速度的词汇替换"一点一点地"。

如果你现在对于①的自我暗示难以启齿，3个月后便可以毫无障碍地将其说出口。即使只发生这样的改变，我想你也不枉阅读本书。这种自我暗示法虽然极其简单，但有着巨大的功效。

☑ 你的价值就是你的存在本身

本书的第二章列举了自我肯定感起伏不定的附加条件，你又给自己设定了什么样的附加条件呢？

我成长在乡下的小渔村里，我的家人们都是知识分子。我的父亲曾一直为落榜东京大学而苦恼。我的祖父毕业于早稻田大学，在战争中英年早逝。我的外祖父、两位舅舅和舅妈都是个体执业的医生。此外，我的表兄弟也都是医生。

大概是由于上述原因，我从小就用功学习各类知识并在考试中取得了优异成绩，我深信自己必须证明自己的聪明程度。之后，我如愿进入初高中连读的高升学率私立学校。入学后我发现周围同学们的学习成绩都很优异，我受到了沉重的打击，感觉自己变得毫无价值。大学毕业后我也在拼命工作，希望能在工作中证明自己很优秀。

大概有人和我一样，试图用学习、学历、工作等来证明自身价值，也会有人用人缘、朋友数量、有无恋爱对象来证明自身价值。

擅长运动的人或许会用运动来证明自身价值。还有一些人希望通过得到特定之人的认可来证明自身价值，如父母的认可等。不论是什么事，只要父母说什么、期望什么，他们就做什么。

因此对很多人来说，这种"我什么都无须证明"的自我暗示岂非具有跨越式的意义？你可能会认为"无须证明？这真是愚不可及！"，但培养钢铁般的自我肯定感重要的前提在于，意识并切实地感受到自己什么都无须证明这一点。

在本书的第二章中，我将自我肯定感理解为，对真实的自己无条件地接受与热爱。正是如此，钢铁般的自我肯定感即无任何附加条件的接纳与热爱。

我可能无法进入梦寐以求的大学，可能会突然失去一份代表着我人生价值的工作，可能会遇到意外事故，可能突然之间对任何事都无能为力，可能无法得到父母或伴侣的认可。尽管如此，我依然接纳并热爱这样的自己，这才是真正的自我肯定感。

"我什么都无须证明。"

　　我希望你能在连续 3 周时间里，每天都坚持暗示自己：
"我什么都无须证明。"当你的工作进展不如预期、人际交往
纠纷不断时，我也希望你能把它再在心里默念一遍。这样
你就能明白：既然毫无证明的必要，也就不必为此焦虑和
担心。

☑ 无法"容许"但可以"宽恕"

也许自己过去曾对某人说过一些很过分的话，或是做过一些很过分的事；也许自己最近历经了一次惨败。"我会宽恕自己"并非意味着我允许上述事情重演，也并非要责怪自己再一次犯下了不可饶恕的错误，而是接纳和热爱这样的自己。自己的错误不等于自己本身。

我们虽然无法容许自己的行为，但是可以宽恕自己。自己说了什么过分的话或是做了什么过分的事，一定有其原因，也许是自己焦躁不安，也许是自己嫉妒对方。自己未能很好地调整这些情绪，便将情绪转化成上述行为。让我们一起接纳并热爱这样的自己吧。

自己最近历经的惨败，不也是自己拼命努力的结果吗？失败这件事并不等于自我本身是失败的。无论发生什么事，自己都富有价值，都是一个了不起的存在。

　　如果下次再遇到相同情况，只需要留心注意不要重蹈覆辙即可。

☑ 受伤者也会伤害他人

宽恕自己和宽恕他人，两者之间息息相关。宽恕自己也能宽恕他人，反之亦然。

如果下次有人对你做了什么过分的事，或是说了什么过分的话，我希望你一边想着"这个人受伤不轻啊"，一边注视着他的脸。

试举一例。在公司里，你的领导对你怒吼道："你为什么连这样的事都做不到？你真是个废物！"你会因此而变好吗？难道你不会因为害怕再次失败而变得萎靡不振，进而重蹈覆辙吗？

领导的工作并不是欺负下属，而是将下属的力量发挥到极致、使下属能够在最佳环境中完成工作。这么一想，这个领导很不称职。如果他想将下属的力量发挥到极致，在同样的情况下他应该说："是我说明得不到位，其实我原本希望你这样做。不好意思，你能再试一次吗？麻烦你了。如果还有什么不明白之处，请尽管来问我。"

进一步深入思考下去，让我们试着想一想该领导怒斥下属的原因：他也同样经历过他的领导的责骂，或是成长于父母和老师的责骂之下，抑或是他缺乏与职位相称的自信、家庭纠纷不断、欠下债款等，我们能够想出很多理由。

如果这位领导具备与职位相称的自信、家庭状况和经济状况良好、成长于众人的温柔鼓励之下，他绝对不会像本节开头那样怒斥下属。

换言之，这并非你的问题，而是领导的问题。他由于某种原因受到了伤害。受伤者也会伤害他人。我们洞悉了这一机制后，也就明白了这个领导同为可怜之人。

我们无法容许领导那样怒吼和责骂下属的行为，但我们可以宽恕他这个人。他怒吼和责骂下属的行为并不等于领导这个人。

他或许也喜欢小狗，有其温柔的一面在，或许在心情好的时候也会在外地出差时给下属买一些伴手礼。我们无法容许其过分行为，但可以宽恕其人。

与此相同，如果你的父母在你成长过程中，对你的身心、生活方面造成了负面影响，那么他们又会是被什么样的父母抚养长大的呢？他们的父母是真心爱他们、无条件地接受他们、经常鼓励他们呢？还是另一种情况——他们的父母虽然没有实施明显的虐待行为，比如家庭暴力或是放弃履行抚养子女的职责等，但是对子女抱有过度的期待，期望子女十全十美呢？

如果在你的成长过程中，你的父母对你造成了负面影响，那么可以肯定的是，他们的身上存在着"未愈合的伤口"。他们只是不知如何处理，便将矛头转向了你。

我们当然无法容许他们曾对你做过的种种行为、身体暴力和语言暴力。但是，难道父母就毫无优点吗？难道他们就不曾有过忘记自己的伤痛、展现出原本纯洁无瑕的瞬间吗？

宽恕他人，你就会宽恕自己；宽恕自己，你就会宽恕他人。

下一章中将详细说明其原因，这一点与"受伤者也会伤害他人"的机制是相同的。无法容许的行为与做出该行为的行为者，让我们在思考问题的时候，区别对待这两者吧。

✅ 不全盘否定过往

　　也许你至今仍旧无法对过往释怀，例如，因罹患重病而无法上学上班、遭遇意外事故……那时你大概会想"为什么会是我""我一定是遭报应了"等。

　　英语里有这样一种说法"life happens for you, not to you"，意思是"人生中的意外事件不是发生于你，而是为你发生"。换言之，即"人生中的所有事情都是为你而发生。它们并不是为了故意刁难你，你能从中学习、收获到很多东西"。

　　罹患疾病可能非常痛苦，但是你难道没有从中学到什么吗？难道就没有一些积极的意义吗？它或许是在告诉你"你太过努力了，要多休息"。它或许给予了你一个机会，让你能够通过他人的照料和探望，留意到那些平时难以察觉的温柔。抑或是它给予了你一段远离学校和公司的时光，你可以借此重新审视自己的人生。另外，它也可能是在告诉你"快改变迄今为止的饮食习惯、增加身体的运动量吧"。

你可以随时随地培养起钢铁般的自我肯定感，度过幸福的人生。为了你今后所要创造的辉煌未来，让我们释怀并感谢那些难以割舍的往事，朝前进发吧。

☑ "走运"的力量守护着你

请你回想一下本章开头的"注意力选择测试"。如果你命令自己的大脑只计算白组成员的传球次数，你就会无视黑组成员的传球，甚至会完全无视那只突然出现的"大猩猩"。

你认为自己时运不济的想法本身就如同在命令大脑搜寻相关的证据。只要想找，就永远都有，从自己开车时刚好碰上红灯这样的琐事，到父母早逝等。

但如果你告诉自己"我很走运"，这也是在命令大脑搜寻相关的证据。之后你也能收集到堆积如山的证据。

在之前的实验里，如果你命令大脑"留心注意不要看漏了，'大猩猩'（机会）一定会出现"，你就不会错过"大猩猩"，换言之，你能够把握住机会。但是如果你没有下达指令，而是常常对自己说"我很不走运"，你就会像实验中错过"大猩猩"一样错过难得的机会。如此一来，你的人生也就没有了起色。

因此不论当下的情况如何，我希望你能从今天开始高喊或是在心中默念这句话：我很走运！

话说回来，你是否曾想过"走运"意味着什么呢？

"我中了彩票，我很走运。"

"我罹患重病，我很不走运。"

不论自己是否意识到这一点，实际上很多人都相信"走运"这种力量的存在。让我们时常告诉自己"我很走运"，如此一来，你就能发现"走运"的力量一直在保护着你，你能够从中获益。

✓ 所谓的极限只不过是自己的一厢情愿

原先，大家都无法相信人类能在 4 分钟内跑完 1 英里（约合 1.6 千米），直到 1954 年 5 月 6 日，罗杰·班尼斯特（Roger Banniste）[①] 打破了上述"成见"。他以 3 分 59 秒 4 的成绩跑完了 1 英里。在此之后，事态又会如何发展呢？

很多短跑运动员在此之前一直给自己设限"人类无法在 4 分钟内跑完 1 英里，因此我也做不到"，但就在班尼斯特成功后他们也逐渐地打破了该纪录。明明在此之前无人能做到，但就在班尼斯特成功后仅仅一个月，另一位短跑运动员就又打破了纪录。此后又陆续有短跑运动员也都成功打破了该纪录。

"我有无限的可能性"这一点并非自己一厢情愿。脑科

[①] 罗杰·班尼斯特，英国田径运动员，神经学家。——编者注

学的研究表明，不论年龄大小，任何人都能够重新连接脑部的神经回路。换言之，不论年龄大小，任何人都拥有尝试新事物的可能性。

卡罗尔·德韦克教授曾表示，一个人是选择拥有固定型思维模式，相信人的才华与能力是与生俱来的，证明它们即生存的目的呢？抑或选择相信人的才华与能力不论何时都能得到大幅度成长，人生的目的在于提升它们呢？根据选择的不同，人生也会发生翻天覆地的变化。

"我有无限的可能性"与"我什么都无须证明"，这两种自我暗示如同车之两轮，相辅相成。如果你认为"才华与性格是与生俱来、天生注定"，证明它们就变成了人生的目的，你会在意他人的眼光，害怕失败，不去挑战新事物。

另外，如果你选择相信"一个人的才华与性格只是起点，之后可以任意地对其予以大幅度改变并使其不断成长，这一点即人生的目的"，那么你就不会在意他人的眼光，也不会为了证明自己的才华而重复同样的事情，而是会接连不断地尝试挑战新事物、让自己成长，你会为此而感到由衷的喜悦。

硅谷之所以能够接连不断地涌现出改变世界的新技术

和新产品，其原因在于无数具备成长型思维模式的人云集于此，他们打破上述常识，追寻无限的可能性。

你也别再自我设限，快去寻找你所拥有的无限可能性吧。

只要牢记最终目的，便可一往无前

当你了解到自己拥有无限的可能性后，只需确定想要实现的目标即可。当下我们无须了解具体的实现方法和实现步骤。如果我们能牢记最终目的，就能不断成长。

请你在脑海中想象一下：在车载导航上输入目的地后，导航系统不会一股脑儿地告诉你旅途全程的行进路线，而是只会告诉你下一步的前进方向。如果你能跟随一个个指示不断前行，不知不觉间就会抵达目的地。不论你是因为行至中途感到饥肠辘辘而绕道去餐厅，还是因为发现自己遗忘了物件而重返商店，抑或是因为交通事故而堵车，车载导航每一次都会妥当地重新计算行进路线，并告知你下一步合适的行进方式。

硅谷精英能够创造出震惊世界的新产品和新技术，正是在于他们在明确最终目标后，每次只迈出一小步。如果他

们想在万事了然之后再去开发产品，其产品就很难带有创新性。苹果公司的史蒂夫·乔布斯也曾说，回顾过往，遵循自己的兴趣、跟随自己的直觉能带来伟大的成果。总之先迈出第一步，之后你才能继续前进。据具体情况，以直觉或是灵感的形式告知你接下来应该怎么做。

你的目的并非走上沿山小路，而是抵达最终目的地。如果这条道行不通，可以转而选择沿海小路。只要你牢记最终目的地并一步步地走下去，就一定能成功抵达终点。

☑ 针对不同附加条件的自我暗示创造法

本节，我将为你介绍针对不同附加条件的自我暗示创造法。第二章列举了阻碍你无条件热爱自己的附加条件。

- 外表（脸、头发、身高、体重等）。

- 成绩和学历。

- 工作、职位和职业经历。

- 存款金额和收入。

- 朋友数量和人缘（社交平台账号的点赞数和粉丝量等）。

- 有无伴侣（已婚、未婚）。

- 家人和亲戚。

- 才华和能力。

- 性格。

- 行为和习惯。

- 自己过去做过或没做过的事。

- 过去发生在自己身上的事。

- 自己现在正在做或没有做的事。

- 正发生在自己身上的事。

要想拥有钢铁般的自我肯定感，你就要先完全排除这些附加条件。我希望大家能再看一遍这份名单，确认一下自己心中有哪些附加条件难以排除。

如果你使用本章所述的自我暗示法，应该能排除掉大多数附加条件。

例如你后悔自己伤害过某人，那就暗示自己"我会宽恕自己"。反之，如果你被某人伤害过，也可以暗示自己"我会宽恕××"。这样的自我暗示法非常有效。

如果你非常在意自己的外表和性格等，你可以暗示自己"我很喜欢我自己"，这也极其有效。

但即便如此，如果你还是无法喜欢上自己的外表，那么就请你试着创造出属于自己的自我暗示法吧。前文介绍了四种阶段的自我暗示方法，我们同样可以针对其他条件，创造出不同的自我暗示方法。

例如，如果你对自己的相貌缺乏自信，就可以按照由难到易的顺序进行以下四种自我暗示方法。如果你觉得①到③

过于困难的话，就从④开始暗示自己吧。

① "我很喜欢我自己的相貌。"

② "我每天都在一点一点地喜欢上自己的相貌。"

③ "我每天都在一点一点地学会喜欢自己的相貌。"

④ "我每天都在一点一点地学习喜欢自己相貌的重要性。"

你也可以根据自己想要改变的速度，将"一点一点地"替换成"逐渐地"和"不断地"。

稍微实际应用一下，"我有属于自己的美"的自我暗示也同样有效。实际上，你不喜欢自己的外表，这是因为你将自己与电视或杂志上看到的所谓"美人"相比较。如果你能以自我为核心设定审美的标准，附加上"属于自己的"这个定语，应该会更加容易接受自己的外表。

假如有一天，你能在镜子前微笑着对自己说"我很美"，就再好不过了。

如果你为身无分文而苦恼，上述方法也同样适用。

① "我很富裕。"

② "我每天都在一点一点地变得富裕。"

③ "我每天都在一点一点地学会如何致富。"

④ "我每天都在一点一点地学习致富的重要性。"

如果你想变得富裕，就请不要关注当下缺少的事物，而要一边感恩当下拥有的事物一边自我暗示，这一点也同样重要。

"我一天过得比一天富裕""我正在学习致富的方法"等的自我暗示也都是不错的选择。

第六章

**培养钢铁般的自我
肯定感的思维训练**

☑ 选择自己的思维模式与情绪模式

在我几年前的生日当天，我和女儿两人在一家位于旧金山市区的米其林一星餐厅里共进晚餐，那顿晚餐是由独特的食材烹饪而成，味道极其鲜美。享用完毕后我们回到了停靠在路边的私家车旁，此时却意外地发现后车窗玻璃被人砸碎了。在那一瞬间，我的头脑一片空白。最初我想到的是："车窗玻璃被砸碎了！这该如何是好？生日当天偏偏遇到这种事！"

稍稍镇定后，我在想到底发生了什么事，女儿却哭喊着说："我的背包不见了！"那时，各种各样的思绪在我的脑海里乱作一团。

那天傍晚，我从前夫家中接女儿去吃晚餐。前夫将 CD 光盘、录像带和其他的小物件一一装入背包之中，对我说："你还有一些行李留在我这里。"在美国，盗窃车内财物的窃贼往往会盯上车内放置的行李。我本不愿收取这么多的行李物品，但难得前夫用心准备，我就勉为其难收下了。

此时，我可以埋怨前夫在这种时候将行李交给我，可以责骂女儿把背包放在如此显眼的位置，可以责怪自己没有拒绝收取前夫递给我的行李。女儿把背包放置在车内我竟毫无察觉，我可以因而心怀罪恶感；我可以认为自己运势不佳，偏偏在生日当天遭遇意外。当然，我更可以记恨打碎车窗玻璃、偷走车内财物的小偷。

但是我当场决定，还是应当转换一下情绪。我、前夫和女儿可能也都有相应的过错，但小偷的过错是最大的。

不过话说回来，说不定这个小偷原本就穷困潦倒，不得不打碎车窗玻璃偷走孩子的背包。他可能已经到了走投无路、除此之外别无他法的地步。要想防止小偷再次作案，不让他人再次为其罪行而感到悲伤，唯有祝愿他的生活能比现在更加幸福。念及此，我对女儿说："很遗憾，你的背包被偷走了。这当然不是你的错，不必在意。偷你背包的人为财所困，已经走投无路，不得不以偷人财物为生，让我们别去想东西被偷这件事了。"

至此，女儿的哭声止歇，我的内心也迎来了安宁。距离刚开始我的思绪起伏，才仅仅过去了几分钟。

那天，我可以选择发泄愤怒的情绪，也可以选择为自己的不走运而失落沮丧，还可以选择让罪恶感占据自己的内心。

但这都不是最根本的解决方法。我决定既不生气也不失落，心中更不怀罪恶之感，我只能不去想这件事。这并非出于自己想成为一个好人的期望，而是为了使我的内心保持安宁。

正是如此，我们能够自由地选择自己的思维模式与情绪模式。如果可以，我们最好选择最能让自己感到幸福的思维模式与情绪模式。

本章介绍了培养钢铁般的自我肯定感的思维模式和训练方法。接下来，让我们养成这些思维模式吧。

☑ 伤人者才会真正变得不幸

"班级里的同学都对我恶语相向，我的自我肯定感下降了。"

英语中有一句俗语"Hurt people hurt people"，意思是"受伤者也会伤害他人"。如果你真正理解了这句话，你将奇迹般地不受他人评价的影响。关于"他人的评价"这一点在本书的第三章中业已说明。

在此，有一件事请你务必牢记于心：有时仅从外表是无法看出受伤者内心之中的累累伤痕。倒不如说，有时因为他们很受欢迎，所以看起来似乎十分幸福。

比如小时候，你饱受班级里最受欢迎的同学小 B 的训斥和欺凌之苦。小 B 平时总是笑容满面，在他周围簇拥着不少围观者，他们合伙欺负你，深深地伤害了你。

在那时，你可能会默默地接受了大家对你的欺侮。你可

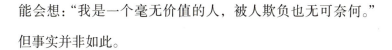

能会想："我是一个毫无价值的人，被人欺负也无可奈何。"
但事实并非如此。

小 B 或许在家中饱受父母和兄弟的欺凌，或许为了取得
好成绩而承受了巨大的压力，或许因父母对他毫不关心而感
到孤独寂寞，或许因不擅长学习或运动而内心自卑，或许认
为自身毫无人格魅力。不论出于什么理由，他只是想将你作
为欺凌的对象，通过带头欺凌确立自身地位，掩盖自身创
伤。他认为只有采取欺负你的手段，人们才会聚集在他周
围吧。

如果小 B 在家庭中能够接纳和热爱真实的自己，他就
不会想去对他人施加欺凌。只要你相信自己拥有无限的可能
性、相信不论现状如何，自己今后总能大幅度成长，你就完
全不会想去刻意地伤害他人。

我们洞悉了这一事实后，是否能站在不同的角度去审视
那些一直以来伤害你的人？那些刁难你的亲戚和领导是在什
么样的家庭环境中成长的呢？他们是否带着某种使命，相信
自己无限的可能性，一直以来朝气蓬勃地生活着呢？事实恐
怕并非如此。

假如有一个人曾经说过伤害你的话或做过伤害你的事，

你与其相遇，我希望你能明白并以此心态审视对方：这一切都不是你的过错，这只不过是因为伤害你的人被其他人伤害至今而已。可怜的并不是你而是他，你本就优秀而又富有价值。因此不论任何人说了什么，你都无须承受其语言伤害。

☑ 宽恕他人

"我受到了父母的虐待，我的自我肯定感下降了。"

露易丝·海（Louise Hay）曾创办了一家名为海之家（Hay House）的出版社，出版了包括韦恩·戴尔（Wayne Dyer）和我的人生教练艾伦·科恩等作家在内的许多心灵成长类和自我启发类的畅销书。露易丝·海成长于继父的虐待之下，她的亲生母亲虽明知事情原委，却对此视而不见。忍无可忍的露易丝在15岁时决定离家出走、独自生活，但这一行动却并未治愈父母给她带来的伤害。原来，经受父母虐待这件事让露易丝在很长一段时间内都无法肯定自己。

露易丝在明白了思维模式和情绪模式可以自由改变之后，便决定宽恕母亲和继父后重新得以振作。

"受伤者也会伤害他人"这一机制在前文业已说明。如果不明白这一点，愤怒、悲伤和憎恨情绪最终会转化为自我

否定：母亲也未能保护受到继父虐待的自己，自己一定是一个毫无价值的人，不值得苟活于世间。毫无疑问，缺乏被爱的价值这一点与自我否定息息相关。

最终，现实如想象一般发展。露易丝为了躲避不珍爱自己的父母而离家出走，但之后她会被一个同样不珍爱自己的男人吸引，进而受其伤害，这样的事情反复重演。

露易丝在意识到"伤害自己的父母，原来也曾受到了伤害"这件事后，才宽恕了他们。请你回想一下第五章中提到的"容许"与"宽恕"的区别。父母对露易丝所做的行为不可重蹈覆辙、无法容许，但露易丝却可以宽恕作为普通人的父母。

露易丝的继父成长于一个非常严厉的家庭之中，一发生什么事就要遭受体罚。露易丝的母亲则在女性绝对服从男性的家庭中长大。意识到这一点时露易丝明白，继父之所以会对自己施加虐待，是因为他自己幼年所受的伤痕未愈。而母亲之所以没能保护自己，则是因为母亲认为自己不能干涉丈夫。

露易丝直面自己的愤怒、悲伤和憎恨情绪，将这些感情尽情释放了出来，之后将其置之度外。在她年过半百之时终于彻底振作了起来，后来她创立了海之家出版社。

她还曾创建了一个艾滋病救援组织，该组织旨在帮助和支援那些身患艾滋病的同性恋人群。他们无依无靠，唯有等待死亡降临。此外，她还通过旨在爱上真实自己的"镜子练习"帮助了无数人。

我们可以从露易丝晚年的照片中看到她容光焕发的样子。

在被虐待下成长的孩子长大成人后，往往会进一步虐待自己，或是在他们为人父母后虐待自己的孩子。

正是如此，愤怒、悲伤、憎恨和自我否定这些负面情绪如同病毒一般，代代相传。其实真正应该注意的是，你是否已经从最亲近的人那里感染了这种"病毒"。

意识到这件事的你，唯一要做的就是切断这一负面的连锁反应。为此，你有必要接受"宽恕练习"，接下来我们将详细介绍其具体步骤。

☑ 宽恕练习

很多研究机构的研究表明，宽恕一个人将给自己的身心带来巨大的影响。

例如，某知名大学医学院的一项研究表明，无法宽恕一个人将对心脏功能、胆固醇水平、睡眠质量、血压、免疫力等产生消极影响，进而将直接导致压力堆积、引发抑郁。

换言之，在一定程度上，宽恕自己和他人会对自己的身体产生积极影响。有研究表明，如果无法宽恕一个人，并长年对其心怀怨恨和愤怒，就容易引发重度抑郁和创伤后应激障碍。

既然如此，我想你能明白，宽恕并非为了成为一个好人，而是为了自己的身体健康考虑。

为了能够拥有钢铁般的自我肯定感，如实地接纳并热爱自己，"宽恕练习"至关重要。前文曾提及自我暗示法，我希望你能在暗示自己的同时，也进行这种思维训练。这样做并非为了成为一个好人，而是为了保持自己内心的安宁。

一个人的家中如果存在着很多当下不需要的物件，家里就很难整洁。与此同理，一个人的心中只要存在着无法宽恕的对象，内心永远也无法安宁。只有下定决心、扔掉多余的物件，家里才会整洁。与此同理，也请你在下面的宽恕练习中，下定决心宽恕那些一直以来无法宽恕之人，调整好心态吧。

①迄今为止，一生之中有谁是自己无法宽恕的呢？把他们的名字都写下来吧。

②让我们将他们一个个回想起来，同时暗示自己"我会宽恕 ××"。具体请参照第五章。

③对于难以宽恕之人，想想他可能是由于某种原因而受到了伤害。

④让我们再一次将他们一个个回想起来，同时暗示自己"我祝愿 ×× 幸福"。

关于③这一点，如果有机会打听打听，有时在你了解到他父母的为人、他的成长环境后，你就能宽恕他。

几年前，我曾沉浸于山下英子的"断舍离"生活哲学和

近藤麻理惠的整理之术。弃置物品并非易事，有些甚至相当辛苦。其原因在于，你对过往的执着和对未来的不安附着于物品之上。

但正如近藤麻理惠所言，一旦彻底弃置后，你就再也不会犹豫不决了。

宽恕一个人也并非易事。如果你长年对此置之不理，首次面对时甚至会感到相当痛苦。或许你一开始暗示自己会感觉别扭，那么你可以参照第五章，从更容易说出口的自我暗示开始。例如，"我在一点一点地学习如何宽恕××"等。

但是，如果你连最简单的自我暗示都说不出口，只要一想到他就会因愤怒或恐惧而泪流满面、浑身颤抖，那么你有必要在自我暗示之前将所有情绪都宣泄出来。

你可以将愤怒情绪全部写在笔记本上，可以在空无一人的房间里高声喊叫，也可以捶打枕头发泄情绪。这并非为了做给别人看，所以言辞再过犀利也无妨。

重要的是，如果你决定宽恕他就请不要半途而废。总之，是要将你心中对他抱有的情绪全部宣泄出来，在这过程中花上几个小时亦无不可。如果你选择将情绪写在纸上，你可以撕毁或是烧掉它。

　　这种情绪的宣泄工作只做一次即可。如果你觉得自己尚未做好宽恕他的准备，那也不必过于勉强。如果你觉得现在时机成熟，那就请一次性地将情绪全部宣泄出来吧。在此基础之上，开始先前②的自我暗示。自我暗示至少需要坚持3周，这一点在第五章中业已说明，请务必牢记在心。

　　这样做可能相当辛苦，但是为了自己的身心健康着想，我还是建议大家积极面对并坚持到底。在这之后等待你的将是轻松的自己和令人怦然心动的未来，你会获得类似于将多余物件全部弃置后的畅快感。

☑ 与嫉妒心成为朋友

　　第三章列举了影响自我肯定感起伏的第二项要素，即"与他人比较下的自我评价"。根据应对方式的不同，对他人的嫉妒心既可以助力自身成长，亦可以毁灭自己。既然如此，那就让我们学习如何与嫉妒心成为朋友吧。

　　如果你看到谁比自己做得更好，谁更轻易地获得了自己想要的事物后，可能会想"那个人很走运，我很不走运"。

　　如果你在一瞬间内情不自禁地产生这种感觉倒也无妨。但是，如果你想无条件地接受并热爱自己，想让自己心中无数的花蕾一朵接一朵地绽放，那就赶快放下这些情绪吧。因为在放下后，你能在心中构建起助力于自身成长的情绪模式。

　　想要与嫉妒心成为朋友，培养起自我肯定感，你可以试着给嫉妒心起个名字，这样你就可以与它保持距离。如果下

148

次嫉妒心再出现，就先来和它打声招呼吧。

"小嫉妒，好久不见呀。"

然后感谢它："小嫉妒，谢谢你提醒我，什么是我想要得到的事物。"

别人得到了你不想要的事物，相信你应该不会为此而嫉妒。换言之，嫉妒即意味着，别人拥有着你极其渴望得到的事物。此外，让我们再一次感谢它：

"小嫉妒，谢谢让我意识到，我一直认为自己难以拥有它。"

别人获得了你想要拥有的事物，但如果你自己也能轻易拥有，便也不会产生嫉妒情绪。当你认为自己"极其想要拥有，又难以拥有"时，才产生了嫉妒。

至此，你面前有两条路可选择：一是阻碍自身成长之路，二是助力自身成长之路。

选择前者："小C轻而易举地就拥有了它。我不想看见他，也不想听他说话。"

选择后者："感谢小C让我明白，我有机会拥有它。让我好好听一听小C的话，从他拥有的过程中看一看有哪些可以借鉴模仿之处，并且尽可能地从小C那里学到一些什么吧。"

　　"小嫉妒，谢谢你让我明白，我有机会拥有自己想要的事物，或许问问小 C 能受到启发。"

　　如果你能将这些话说出口，你就已经开始稳步地建立起钢铁般的自我肯定感，迈向自我成长之路了。

☑ 你心中的"爱"与"恐惧"

温柔而又温暖的爱之声与刻薄而又冰冷的恐惧之声，这两种声音共存于人心。

重要的是你要有意识地分辨出自己心中势均力敌的爱之声与恐惧之声，并训练自己让爱之声占据上风。方法虽然简单，却有一些技巧。

如果你当下正在为某事而烦恼不堪、踌躇不决，请务必尝试以下技巧。

1. 选择一件你现在正在为之烦恼不堪、踌躇不决之事。

2. 在笔记本上写下你心中所有的恐惧之声。你当下的心情如何呢？

3. 接下来请同样将所有的爱之声都写下来。你当下的心情又如何呢？

4. 两种心情哪种更好呢？

下述四件事至关重要。

● 写出所有的爱之声与恐惧之声。

● 无须深思熟虑，支离破碎亦无妨，将想到的事情如实
写下即可。

● 书写顺序务必以恐惧之声在前，爱之声在后。

● 无法回忆起爱之声时，请想象一下，此时爱自己的人
会对自己说些什么呢？另外，如果自己最爱的人也面
临同样的烦恼，自己又会对他说些什么呢？请将这些
内容写下来。

此法同样适用于为辞职、分手和离婚而犹豫不决的情况。

在此试举一例，当你为辞职犹豫不决时，你将听到以下
恐惧之声。

恐惧之声

　　辞职后我可能无法生活。我会遭受伴侣的斥责，会
让父母担忧，会被朋友轻视。可能过了三五年我还未能
成功创业，甚至老年时穷困潦倒。我也会给孩子平添麻
烦。如此一来，我这辈子就完了。因此，我虽不喜欢现

在公司的工作，但还是维持现状为妙。

恐惧之声既刻薄又残酷，既悲观又冰冷。

爱之声

迄今为止我一直在公司努力工作，也有了一定的储蓄，这段时间暂时维持生计不成问题。我一直以来都想创业，尽早付诸行动也好。我能够灵活运用工作经验，创业所需的其他技能今后再学即可，想必一定会有人支持我的。当下，我年富力强、身体健康，正是辞职创业的最佳时机。只要坚持不懈，我定能成功创业并以此为生。现在就做！

爱之声既温柔又宽容，既积极又温暖。在爱之声的最后，如果能再加上以下展现出钢铁般的自我肯定感的终极肯定语，即表达对自己无条件的爱的话语就更好了。

爱之声的延续

　　不论我创业是否顺利，以后能否盈利，我都接纳并热爱自己。我的价值即为我的存在本身，我无条件地热爱我自己，因此无须畏惧最终结果。我创业并非为了证明自身价值，而是为了让我的无限可能性绽放。我一定能在最佳时机创业成功。因此我要勇敢创业并耐心地享受这一过程。

☑ 摆脱罪恶感、自我厌恶与自我否定

对真实的自己无条件地接受与热爱即为我所理解的自我肯定感，拥有自我肯定感同样也意味着将摆脱罪恶感、自我厌恶与自我否定。

要想摆脱罪恶感，我们要将行为与行为者区分开，宽恕再一次犯下了不可饶恕的错误的自己。此法极具功效，这在前文中业已说明。

要想摆脱自我厌恶，就必须反思自己是否因为并非自身过错之事而感到痛苦，与此同时要认可自己原有的生活方式。

要想摆脱自我否定，即使自己与其他人不尽相同，也必须认可、接受并且珍视自己的个人爱好和想要做的事情。

让我们再次回顾一下第二章中列举的影响自我肯定感起伏的附加条件。

- 外表（脸、头发、身高、体重等）。

- 成绩和学历。

- 工作、职位和职业经历。

- 存款金额和收入。

- 朋友数量和人缘（社交平台账号的点赞数和粉丝量等）。

- 有无伴侣（已婚、未婚）。

- 家人和亲戚。

- 才华和能力。

- 性格。

- 行为和习惯。

- 自己过去做过或没做过的事。

- 过去发生在自己身上的事。

- 自己现在正在做或没有做的事。

- 正发生在自己身上的事。

其中包括了一些不可饶恕的错误，但其实这些根本就不是坏事，更不是过错。接纳并且热爱这样的自己，肯定真实的自己，容许那些并非过错之事，就能摆脱自我厌恶。

除此之外还有一件事不可或缺：如果此前你一直强忍着不去做自己想做的事，那么从现在起允许自己去做，并且如实地接纳和热爱与众不同的自己。

宽恕和认可自己，就等同于消除那些妨碍无条件接纳和热爱自己的附加条件。从这个意义上说，宽恕和认可自己，也可以说是在培养钢铁般的自我肯定感的过程中最为重要的一项工作。

在本章的"宽恕练习"一节中也曾提及，很多研究结果表明，无法宽恕和认可一个人将给身心带来消极影响，反之则会产生积极影响。此处所说的人也包含自己。既然这样做会对身心带来巨大影响，那么我们也唯有断然且彻底地宽恕和认可自己。

为了宽恕和认可自己，你只需要做以下两件事：

一是了解自我设定的附加条件，自己无法宽恕、容许自己的哪些方面。

二是此后一心一意地宽恕和认可自己。

当你意识到自己设定的附加条件，无法宽恕和认可自己后，请参照第五章，创造并实践属于你自己的自我暗示法吧。

假设你加入健身房的会员是为了养成健康的运动习惯。刚开始，你一周去健身房两三次，但有一周由于种种原因连

一次都没去。这时你千万不要责怪自己犯懒，三天打鱼两天晒网，越是责怪自己就越不会去做。一旦发现有责怪自己的苗头时，请立刻暗示自己：

"我容许自己这样做。"

"我正在以自己的方式努力奋斗，我喜欢这样的自己。"

"我正在养成去健身房的习惯。"

即使自己一周也没能去一次健身房，也请温柔地爱着这样的自己吧。没关系，下周再去就行了。要是这一阵子忙得不可开交，一周去一次也行，两三周不去也没关系。

其实多年以来，我也始终没有责怪自己。拜此所赐，我坚持去健身房长达数年之久。有时候因为工作忙、准备旅游、身体不适等，我几周都没能去一次，但我不会因此而责怪自己，不会给自己"扣分"。

我只给自己"加分"。如果自己隔了很久才去一次健身房，我会宽慰自己："隔了这么久都有勇气去健身房，我可真棒！"实际上也多亏此法，我去健身房的频率保持在每周两三次。

责怪自己就会产生厌恶的情绪。与其如此，倒不如趁早放弃。不仅如此，之后更是会责怪自己三天打鱼两天晒网。如此反复循环，就再也不想去挑战任何事物。

☑ 质疑常识和自我预设

在前文中，我们一起思考了自我设定的附加条件等相关问题，并说明了培养钢铁般的自我肯定感即为彻底清除所有附加条件，宽恕和认可自己。

即便如此，如果你还是无论如何都做不到，此时最为有效的解决办法是思考自己的附加条件究竟从何而来，并彻底改变你的思维模式。大多数情况，附加条件都来源于你心中的"常识"和"自我预设"。

假如你认为：我无法容许自己成绩差、只能考上三流大学、无法入职知名企业、年收入低于一般人平均水平、找不到结婚对象。这种想法根源在于，你深信成功的人生即为取得好成绩、考上一流大学、入职知名企业、年收入高于一般人平均水平、与令人艳羡的对象结婚，并将其视作常识。

你是否考虑过什么是常识呢？我的观点是，虽然一个时代的多数人将他们自认为理所应当之事视作常识，但对人们而言所谓的"常识"未必是最好、最正确的。

我的女儿读高中时，我参加了硅谷的大学入学准备研讨会。该研讨会是由名牌高中教师主办的。日本的大多数名校教师都想让更多的学生进入名牌大学，这或许也是大多数父母和孩子的愿望。

然而，这所硅谷名校 J 老师的愿望却与他们截然不同。他甚至公然宣称：学生以斯坦福大学或哈佛大学为目标毫无意义。不同大学各有所长，所处位置各异、规模大小也各不相同。我们应该将符合孩子兴趣和特点的大学视作目标。

有人问他大学入学准备最重要的是什么，他的回答是"热情"。

然而这并非意味着对所有科目的热情，其对象可以是体育、艺术或特定的科目。总之，就是要找到一件能让自己怦然心动的事情，并为它投入精力。

在美国，尤其是在硅谷，人们之所以能够接连不断地创造出一个又一个承担时代重任、极富创造力的新型技术产品，其中之一的原因在于美国的考试制度。

美国的大学并没有一个相当于日本高考的考试系统，它们并不是在目标院校给出考题后，依照答卷分数决定学生是否能够入学。虽然也有美国高中毕业生参加的学术能力评估测试（Scholastic Assessment Test，SAT）这种全国统一的考试存在，但其分数仅作为参考。就我所知，实际上有的孩子即使在考试中取得满分，也未必能够考入心仪的院校。

学校会根据学生在校时期的成绩给予一定评价。然而大多数情况下，人们会将名牌高中的 A 级评价与不知名高中的 A 级评价一视同仁。

其实，能否进入心仪大学的决定性因素是热情。其原因在于，在美国大学的入学审查中，学校会根据一个学生在高中时期对什么样的课外活动抱有热情、对此是否拥有极深的造诣这一点，确定其是否具备入学资格。

事实上，之前有过一个先例：有两位学生，前者是一位对各学科学习都很擅长的优等生，但他在打篮球这项课外活动方面并不太突出。后者虽非学习上的全能尖子生，也有一些不擅长的科目，但他在课外活动中参加了戏剧选秀，具备参加全美顶尖的戏剧表演集训营的实力。在两者之中，后者进入了斯坦福大学。

在美国，人们鼓励学生不必在意自己不擅长的事情，而

是聚焦于能够倾注热情的事情。J 老师曾断言，美国大学的
入学审查极其重视学生的热情程度。

　　如果你能放下成功的人生即为取得好成绩、考上一流
大学、入职知名企业、年收入高于一般人平均水平、与令人
艳羡的对象结婚等执念，那么你就能完全舍弃掉妨碍你无条
件接纳和热爱自己的各种附加条件，例如：成绩、学历、工
作、事业、收入、有无伴侣等。

☑ 把失败当成勋章

　　影响你的自我肯定感起伏的第三项要素是"失败和成功"，这一点在前文中业已说明。总而言之，如果你能够重新定义"失败"和"成功"，那么你就不会再受其影响。

　　本书的第一章曾提及前夫失业后，我的日本亲戚极其担心，我和他却毫不在意。硅谷居民们也会为失业而大受震撼、内心纠结。虽然也会有人就此一蹶不振，但大多数人都能快速调整好情绪，重新振作起来。

　　接到解雇通知的那一天，能够快速调整情绪的人可以将情绪由消极转化为积极，他们会认为"我正好拥有了一段自由的时光"。之所以能如此，很大的原因在于周围的人并未将"辞职"或"失业"定义为"失败"。

　　在公司接到解雇通知后回到家中，如果家人都愁眉苦脸、忧心忡忡，那么当事人会认为"我现在的处境很艰难呀",从而情绪会越来越低落。但如果周围人(包括家人在内)都笑着说"真是遗憾,不过也没什么大不了的",当事人则会认为"这算不上什么大事,我应该为此而感到高兴才对"。

这一点也同样适用于校园环境。我有几个日本朋友的孩子辍学在家,长期闭门不出。这些孩子的家人认为,从名校退学这件事非常严重并且令人感到羞耻。

然而,在硅谷和旧金山也有类似的情况。他们会给出各式各样的理由,例如:被朋友欺负,不适应学校的环境和教育方针等。在我女儿的同学之中,也有好几个人不知何时便已辍学。

就我所知,在硅谷,辍学的孩子很少在家闭门不出。其原因在于,亲子双方都对辍学这件事的看法一致,他们都认为,只有入校后才知道自己(孩子)不适合那所学校。

他们并不认为辍学即为失败。我想,孩子如果只是因为碰巧进入了不合适的学校,便认为"人生就此终结",并且本人和周围人都过于严肃地对待辍学这件事,这很有可能导致孩子之后在家闭门不出。

实际上,在女儿之前就读的一所大型学校里,她的同学在校园中饱受欺凌,学年结束后立马转入一所令人身心愉悦的小型学校,在那里过着非常愉快的校园生活。从女儿小学到高中，我曾见过她不少辍学的同学。他们的父母和我聊天时，异口同声、发自内心地笑着说道"我们找到了更适合孩子的学校，他现在过得非常开心"。

辍学并不意味着失败。孩子能够意识到"自己不适合这所学校，了解自己适合什么样的学校"这件事本身就是一种成功，之后会朝前快速地不断进发。

日本的教育体系关注人们背诵问题答案的过程，人们从一开始就已知晓问题的答案。通过日本的教育体系培养起来的思维路径与创造新技术、新产品的思维路径，两者之间天差地别。

对于任何人都未曾创造过的全新技术产品，既不存在"标准答案"，也无人知晓"答案的推导方法"。硅谷精英们曾经想过"如果生活中有它们在，就会方便不少"。他们从这样的愿景出发，在反复试错的过程中逐渐接近目标。

毫无疑问，很多时候，反复试错即接连不断地失败。试过了这种方法行不通，再试试其他方法吧——换言之，失败的过程至关重要，它会带给人们一个具有很高价值的信息：这种方法行不通。

在反复试错的过程中，越失败就越有经验，也就越可能成功。因此，在某种程度上，不断失败即不断接近成功。

正是因为这种思维模式深深印刻在硅谷居民的脑海之中，孩子也才会被鼓励反复试错。如果进入了不适合的学校，他们会了解到不适合这个学校的原因，据此以寻找更为适合的学校。

在硅谷，人们即使创业不顺也不会对此加以掩饰，反而会微笑着诉说自己失败的经历。周围的听众也会尊重他们，用笑容去回应勇敢的挑战者。

正是如此，一次失败就是一枚勋章，就是一项大勇无畏的挑战者和学习者的证明。

迄今为止，如果你一直被失败和成功左右，自我肯定感起伏不定，那么请你试着重新定义"失败"和"成功"吧，并且尝试着写一写自己在"失败"后的收获。

真正的失败是因畏惧失败而不去挑战新事物，不采取行动。而真正的成功则是挑战新事物，在接连不断的失败中学习，逐渐接近自己的理想。

重新定义"失败"和"成功"后你应该会发现，自己从前认为的"失败"，反而是一种启发你成功的方式，它告诉你这种方法行不通。我希望大家能够褒奖勇于挑战的自己，而不是一味地苛责自己。

☑ 关注自己以外的课题，自我肯定感就会下降

如果你不想被失败和成功左右，想要保持高度而又稳定的自我肯定感，你也可以使用阿德勒心理学中"课题分离法"，这种方法也极具功效。如果你没能分离课题，就会将不属于自己的成功视作成功，将不属于自己的失败视作失败。

如果你认为下属不听话，自己便不是一个称职的领导，或是认为孩子不听话，自己便不是一个合格的父母，这就是在为不该烦恼之事而烦恼。

假如你认为领导的工作是将下属原有的兴趣和能力发挥到极致，那么你就不应该为下属不听你的话而烦恼。如果你认为父母的任务是帮助孩子找到自己想做的事情，并且帮助孩子完成这些事情，那么你就不会觉得孩子不听话。

试举一例，当你发现下属在背后抱怨工作任务太多时，

你要先写出自己作为领导的课题和自己能控制的事情。

（领导的课题示例）

- 营造下属能自由发表言论的氛围。

- 告知下属可以自由发表言论。

- 努力分配下属能够胜任的工作量。

- 分配完成后，时常检查下属的工作进展。

- 事先对下属声明：工作开始后，如果你发现工作所需时长远超想象，我希望你能立刻告知我。

接下来试着写一写下属的课题。

（下属的课题示例）

- 如果在分配工作时发现任务明显过量，请将此事立刻当场告知领导。

- 如果觉得工作适量且自己足够胜任，请依照计划执行并为此拼尽全力。

- 工作开始后，如果发现工作所需时长远超想象，请尽快将此事告知领导。

分离领导的课题与下属的课题后，只需要为自己的课题全力以赴即可。不要为下属的课题而烦恼，下属没有完成他的课题并不意味着你的失败。

☑ 再构法

影响自我肯定感起伏的第四项因素是"意外事件"。如果你的人生在自然灾害、疾病、事故等不可抗力的作用下急转直下，你的自我肯定感也一落千丈，那么就请试着使用"再构法"吧。

再构法是心理学中的术语，是指一种以积极的态度重新认识事件、转换思维模式的方法。硅谷的居民们都能灵活地运用再构法。试举两例：

案例一

● 事件：我突然被公司解雇了。

● 再构前的消极想法：自己太不走运了！公司也真是冷漠无情。大事不妙，今后可该如何是好呢？我真是惭愧得无地自容，可悲可叹！

● 再构后的积极想法：我的存款还能再坚持一段时间。

既然这段时间可以自由支配，那就给自己放一个小长假吧。对了！我可以趁现在学习一些新知识，准备转行！依照原先考虑好的点子创业也是一个不错的选择。我好兴奋，真开心啊！

案例二

● 事件：得知自己罹患癌症。

● 再构前的消极想法：我可真不走运。治疗费会花多少钱呢……我的工作又该如何是好？我会因此而丧命吗？前途未卜、未来一片黑暗，我好害怕。

● 再构后的积极想法：现在回头想想，自己对待之前的工作也太过拼命了。一直以来都在暴饮暴食，也没有好好锻炼身体。这次的病痛是在告诉我，我的生活节奏要慢下来，平常要吃健康食品，另外也要积极锻炼。我有医疗保险在，领导又善解人意，我不会失业的。当今时代，罹患癌症后痊愈的人数不胜数。我听说多笑一笑也有助于癌症康复，从今天开始每天看一部喜剧片吧。总感觉我也快乐起来了！

☑️ 将精神创伤转化为成长的动力

战争、自然灾害、暴力、事故、犯罪等事件可能会导致人出现创伤后应激障碍，即精神创伤（"创伤后应激障碍"常与"精神创伤"作同义词替换使用，本书也采用这种方法）。最终，你会一直拷问自己：我为什么要遭受这样的痛苦？

然而，很多研究结果表明，约有半数人成功走出精神创伤，甚至实现了精神创伤后心理层面的成长，即"创伤后成长"。

当你受到精神创伤时，你可以选择沉浸在精神创伤之中（负面状态），也可以只是走出精神创伤（中间状态）。除此之外，你还有第三种选择，即化精神创伤为动力，在心理层面取得大幅度的成长（正面状态）。

前文中也曾提及露易丝·海的故事。她曾惨遭继父的虐待，亲生母亲却对此视而不见。许多年后她终于走出了幼年时期的精神创伤。在这之后，她为艾滋病晚期患者提供精神上的支持，创立了海之家出版社，她自己也撰写了很多"无条件爱自己"的相关书籍，为人们的疗愈心灵贡献了一份力。

看着她晚年笑容满面的照片，再听听她朗读的有声读物，她的声音中充满着爱。我们可以发现，她已经走出了精神创伤，并且在心理层面取得了大幅度的成长。

毫无疑问，这个世界上存在着这样一种人：他们曾有过意料之外的痛苦经历，但他们仍能如实地接受并热爱自己。更进一步，他们也同样接纳和热爱他人，坚信世界也在帮助自己。他们释怀过往、宽恕他人，为世界贡献一份力，力求成为更好的自己。

☑ 感谢练习

各项研究结果表明，感谢他人会对一个人的内心和大脑产生积极的影响。

印第安纳大学曾经做过一项实验，研究人员将 293 名需要接受心理治疗的被试分为三组。第一组被试单纯接受心理治疗，第二组被试除了接受心理治疗，研究人员还让他们接连不断地写出目前存在的问题和压力。第三组被试除了接受心理治疗，研究人员还让他们接连不断地写出一份份的感谢信。研究人员在 4 周后、12 周后分别调查三组被试的心理健康状况，最终发现第三组被试取得了突飞猛进的提升，而其余两组被试均无任何效果。

正如上述实验一般，感谢他人非常简单而又极具功效，希望大家务必将其纳入日常生活之中。通过感谢他人，你可以肯定自己，信任他人，在这之后你将能够完全肯定自己的

人生。

在此，我想向大家介绍一下我的独家秘法。我本人坚持使用此法已达数年之久，每次使用时我心情都会好转不少。

1. 每天写出或说出 10 件能够感谢的事情。

2. 感谢的对象可以是人，也可以是事物。

3. 只要你的感谢发自内心，不论是什么都可以。

4. 无须每天感谢新事物，和昨天一样也无妨。

5. 在说完感谢的理由后，在结尾补充上"我感谢你（们）"，例如"……因此我感谢你（们）"。

在过去的很多年里，每当我独自驾车时，我都大声地表达我的谢意。在此，试举一些我每天的感谢话语。

● 感谢温暖的家人。

● 感谢我有机会遇到优秀的人。

● 感谢我能够出生、成长在这个美好的国家里。

● 感谢我四肢健全。

● 感谢我所住的房子美丽而又舒适。

● 感谢我每天平安而又健康。

● 感谢我每天都能吃到美味的食物。

● 感谢我的财运亨通。

- 感谢我拥有学习的机会。

- 感谢我有机会周游世界各地。

如下所述，将感谢的理由具体化后，以"我感谢你（们）"结尾。

- 妈妈、爸爸、弟弟、爷爷、奶奶、叔叔、阿姨、表妹，我的家人温暖而又勤劳。能诞生在这样的家庭里，我感谢你们。

- 食物真美味，人们又勤劳能干、喜好洁净。我能诞生在这个国家里，我感谢你。

即使你的情绪稍微有些低落，但在表达完 10 次谢意后，你就会觉得自己多么幸运、自己的人生多么精彩，自我肯定感也将变得坚定不移。

第七章

如何培养钢铁般的
自我肯定感

☑ "无法采取行动的负循环"

语言、思维、行为和情绪之间密不可分，本章所述的
"行为"可以印证"思维"的正确性。通过具体实践上一章
所介绍的培养钢铁般的自我肯定感的各种方法，我们可以切
实地感受到这种思维模式的妙用。

反之，如果你对其了如指掌却不能身体力行，情况则不
会发生任何改变。有时候越是了解，头脑中描绘出的理想世
界就越与现实脱节，反而会更增添自身的痛苦。

即便如此，我希望你也千万不要因此而责怪自己无法
采取行动、遇事立刻放弃。本书中所述的钢铁般的自我肯定
感，即无条件地接纳和热爱任何情况下的自己。让我们暂时
先如实地接纳和热爱自己吧。在此基础之上，只需要迈出一
小步即可。

尽管你下定决心要进行改变，却连一步也无法迈出。其

原因究竟何在？

无法采取行动的原因示例

- 畏惧失败。

- 畏惧未知的世界。

- 畏惧改变。

- 回忆起过往的失败经历。

- 缺乏成功的自信。

- 缺乏理想。

- 不知道该做什么。

- 不知道该从何做起。

- 没时间。

- 没钱。

- 遭遇家人反对。

看着以上示例，你是否发现其中的大部分都源自"畏惧"？如果你因此而犹豫不决，我希望你能重新阅读上一章内容。

一个人无法采取行动的原因往往可能由上述事项组合而成，其根源在于缺乏清晰明确的理想。此处所说的"理想"，是指以爱为基础、具备正当理由的大目标。而终点则是指向实现大目标的一个个小目标。

"无法采取行动的负循环"：

拥有的理想不够清晰明确→目标不够清晰或是过于庞大→缺乏实现目标的自信→付出的努力不够彻底→未能实现目标→实现目标的自信进一步降低→付出努力时更加留有余力→又未能实现目标→放弃理想。

为了避免发生上述情况，我希望大家务必克服困难并采用本书所述的方式进行训练。

☑ "能够采取行动的正循环"

"能够采取行动的正循环"始于清晰明确的理想。理想即为一个人出于某种原因，想成为这样的人，想以这样的方式生活，它是一种对自己、对人类无条件的爱。一个人若能出于理想而展开行动，那么他将对任何事都无所畏惧。

"能够采取行动的正循环"：

拥有清晰明确的理想→确定清晰明确、最小限度的目标→拥有实现目标的自信→付出最大限度的努力→实现目标→进一步确信自己能够实现目标→确定稍微高一些的目标→进一步付出最大限度的努力→反复循环最终实现理想。

想要进入"能够采取行动的正循环"之中，有一个前提条件：你要下定决心拥有成长型思维模式。关于这一点，我曾在本书中多次提及。如果一个人能够下定决心脱离固定型思维模式、以成长型思维模式，即以爱的思维模式生活，那么他将认为人拥有无限的能力、不断成长即为生存的目的。

以下是 12 个转化循环模式的小技巧。

1. 明确你的正当理由。

明确你想要实现理想的理由。可以从个人层面出发，即想要度过幸福的人生，也可以是想为世界和平做出贡献等，总之明确"为什么"这一点，这将是你行事的出发点和动机。

2. 将理想可视化。

自身的理想包括自己想完成的事情、想去的地方、想成为的人等。在明确你的理想后，你可以通过贴在墙壁上、写在笔记本上等方式将理想可视化。可视化能使理想更具现实感，可以时刻提醒大脑，自己的最终目的地所在何处。

3. 再宏伟的理想亦无妨。

无须在意他人的看法，描绘出超脱当下和过往的宏伟理想吧。

4. 预先感知成功时的心情。

预先感知理想成真的成就感和令人怦然心动的喜悦感。正如前文所述，情绪是行为的开关。你要去会见心上人，即便是在暴雨天里外出也会很开心。其原因在于你预先感知到

了和心上人会面时的喜悦感，这种情绪便成了行为的开关。充分利用好加速行动的情绪开关吧。

5. 最小化每一个目标。

为了实现理想，我们要设定一些能够实现的小目标。失败和放弃的原因之一是未能细分目标，妄图一蹴而就实现大目标。设定一个小到不可能失败的目标吧。

6. 专注于一处。

务必实现最小目标，切勿分散精力和注意力，专注于一处吧。

7. 直至成功为止，下定决心绝不放弃。

理解"在成功前放弃即失败"这个道理，下定决心坚持不懈直至成功为止。

8. 托付。

在下定决心绝不放弃并努力奋斗的同时，牢记"走运"的力量一直在守护着自己。

9. 不与他人比较。

当你开始朝着理想迈进后，一定会有进展不顺的时候。唯有此时，你会发现有些人的理想与自己相同，他们明明比自己晚出发，进度却比自己快得多。桃栗三年柿八年。成长的速度因人而异，因此千万别与他人比较。

10. 仅用加分法鼓励自己。

请你务必使用加分法管理自身的成长进度。如果你使用扣分法，则会认为，"我离理想、最终目的地还差着这么远"。如果你用加分法，则会关注距离起点已前进的路程。因此，不要使用扣分法，而要用加分法时时鼓励自己。

11. 享受过程。

过往的观点认为，在"毅力、辛苦、泪水、汗水"之后"幸福"就会到来。请抛弃上述观点，在享受幸福生活的同时坚信：只要坚持未来的生活一定会更加幸福美满。请在享受过程的同时积极地采取行动吧！

12. 犒劳和夸奖自己。

实现一个小目标后夸奖自己，这一点也同样至关重要。你无须坐等他人的褒奖，只需要不断地自我夸赞即可。每实现一个目标就送给自己一件喜欢的东西吧，比如巧克力、红酒等。此外，还有一种非常高效的方法：在纸上写下你的奋斗目标，达成目标后贴上小便签，在上面写下"已实现"三个字，表"目标已经实现"之意。

如此一来，你应该就能由"无法采取行动的负循环"转

化为"能够采取行动的正循环"了。并且，通过"正循环"
不断实现一个又一个小目标，总有一天你会到达最终目的
地，实现理想。

☑️ 发现自己真正想做的事

有时候自己一直说"要去做、要去做"，但自己究竟想做些什么呢，又或是因为自己想做的事情太多，导致时间完全不够用。在此，我想介绍一种适用于上述情况的方法，它能够帮助你发现自己真正想做的事。

如何制作自己想做和不想做的事情列表：

● 在笔记本上写下三个日期，具体时间由你自己定。此外，也可以使用 Excel 等电子表格软件，一天制作一张表。在表中写出以下三项：

①想做的事。

②不想做却在做的事。

③想做但没有做的事。

● 无须考虑自己是否应该做这些事，只需要将它们写下即可。

- 这些事情不会展示给任何人看，因此无须考虑这样写是否合适，请自由发挥。

- 写完之后间隔数日，根据自己当天的想法重写一次，在此过程中请勿回顾上一张表。

- 间隔数日后再重复一次上述操作。

- 至少累计完成三份表后，依次对比表中事项。

- 如果同一件事出现在三份表中，那么它就是你内心之中的真实想法。反之，如果仅仅出现了一次，那么它很有可能是由你当天的情绪波动产生的。

- 三次都出现在①中的事情是你真正想做并且正在做之事，请你继续坚持。

- 请尽快停止进行三次都出现在②中的事情。

- 三次都出现在③中的事情，它们是你真正想做却因为某些原因未能做之事，请你找出具体原因，并思考如何才能将其付诸实践。

如果出现在①中的事情很多，那么它代表着你已经将宝贵的时间用于自己真正想做的事情之上，你的人生将始终维持在平衡的状态。

但值得我们关注的是②和③。它们之中往往隐藏着你的心理障碍和那些阻碍你培养自我肯定感的附加条件。

你认为②中的事情非做不可。但人生中却几乎不存在不想做却非做不可的事情。大多数情况下，只不过是自己一厢情愿地认为非做不可，或是认为不这样做就不对。

此处以"打扫卫生、收拾房间"为例。如果这件事出现在②里，你要坦率地承认自己就是这样的人，并且热爱自己。你无须认为自己缺失这种能力便自责不已，可以在承认自己的基础之上，再考虑其他妥善的解决方法。

例如，你可以购买扫地机器人，也可以聘请家政服务人员代劳，还可以让家人共同分担家务。为了方便打扫，你可以从弃置那些不需要的多余物件开始。总之，切勿否认自己的真实情绪，坦率地接受它们吧。

有时，在②之中还隐藏着更为隐秘的心理障碍和心理问题。你也会有将结婚、工作、育儿等事情列入其中的时候吧。如果你将"当下的工作"列入其中，那么你继续坚持着这份工作的理由又会是什么呢？

"如果失去固定收入来源，我将一筹莫展""我无法入职知名公司""我缺乏找到下一份工作的自信""我没有时间找下一份工作""我不可能找到自己喜欢的工作"等。上述理

由都与你的自我肯定感密切相关。

我希望你能在找出上述理由后，回忆起本书所写的"无条件地接纳和热爱真实的自己"。你的收入和就职的公司都不能完全代表你。你的价值即你的存在本身。即使你暂时失去了收入来源和"知名公司员工"的名头，你的真实价值也不会发生任何变化。

生命短暂但蕴藏着无限的可能性。为了让内心之中更多的花朵绽放，请给你自己加油打气吧，你没有空余时间从事那些你不想做的工作。

你的心理障碍也隐藏在③之中。虽然你很想做那些事，但与此同时，你会因为某些理由认为这样做是不对的。

试举一例。如果"我想和朋友见面"这件事出现在③之中，那么你的内心之中可能隐藏着"自己必须时时刻刻工作""自己必须以家人为先""和朋友在一起愉快地玩乐是不对的"等的心理障碍。在这之中，或许你一厢情愿地认为必须要做出自我牺牲，享乐本身是不对的等。

除了上述列表外，我还推荐大家也为下述事情列一列表格。

● 临终前想要做的事。

● 如果生命只剩一年，你想要做的事。

● 如果什么都能做的话，你想要做的事。

在随心制作完成上述表格并附上日期后，建议大家暂时先将其置于一旁，不要去翻看，等到半年后、一年后再列一次表格并与之前的表格相互比较，这样你真正想做的事才能凸显出来。

☑ 与大自然接触和午睡

脑科学已经证明，多巴胺、血清素、内啡肽、催产素等激素的内分泌能使人的心情放松、积极向上而又充满干劲。为了使自身行为进入"正循环"之中，我们可以借助这些激素。

分泌让人幸福的激素的方法很多，其中最具代表性的就是适度锻炼，硅谷的信息技术企业的办公室里都配备有淋浴间、健身室等，许多员工都会有意识地做一些运动。

在日常生活中已经养成了运动习惯的人，请享受其中并坚持下去吧。对于那些未能养成运动习惯的人，你们可以选择散步、慢跑、瑜伽、跳舞等运动方式，总之选择自己能够乐在其中的运动项目，现在起开始锻炼吧。

你可能会认为，运动锻炼只属于"有闲人"和有钱人。但请你抛弃这种想法，为了自己的身心健康，请留给自己一些时间用于锻炼吧。

除此之外，还有两件事做起来极其轻松，它们有助于获得幸福感。下面我将逐一进行介绍。

1. 与大自然接触。

我所生活的硅谷和旧金山地区，往往给人的印象会是高楼大厦林立的大都市，但它们其实是围绕在大自然的怀抱里。最具代表性的硅谷公司聚集于面向旧金山湾方向的一侧，而另一侧太平洋方向则充满了大自然的气息。

从旧金山出发，沿着太平洋、顺着加利福尼亚州 1 号公路一路南下。公路一侧是陡峭的悬崖，另一侧则是辽阔的海岸。沿着悬崖下的海岸线前行，最终抵达圣塔克鲁兹、蒙特雷，再往南稍远即至洛杉矶。加利福尼亚州 1 号公路蜿蜒曲折，其沿线接连出现的绝佳美景也令人眼前一亮。一路上海鸥在空中交相往来，鲸鱼、海豚和海狮也屡屡现身。

如果你能外出沐浴阳光并为美丽的大自然所感动，大脑就会分泌出血清素。若能在那里与动物们亲密接触，大脑还会分泌出催产素。此外，你还能感觉到自己与大自然融为一体，你会觉得自己在公司和家庭中遇到的一些问题，在大自然中实在微不足道。

当你走投无路时，请一定要外出接触大自然。如果你能感受到大自然的伟大，就会觉得自己所承受的压力和烦恼实在微不足道。

2. 午睡。

要想培养钢铁般的自我肯定感，睡眠同样不可小觑。研究结果表明，处于睡眠状态时人的大脑会分泌血清素，此外，睡眠还会对人的判断力和工作效率产生巨大的影响。其中，最值得我们关注的是半小时以内的短时间午睡，也就是我们常说的"打盹儿"。康奈尔大学世界级睡眠研究学者詹姆斯·马斯（James Maas）教授称其为"浅度睡眠"（power nap），他曾说过这种睡眠方式有助于缓解压力，增强记忆力、创造力和免疫力。

硅谷和旧金山的许多公司，如谷歌、脸书和优步公司等，都配备了专供员工打盹儿的房间，或是一些名为"睡眠舱"的胶囊躺椅。与其在困倦状态下无休止地工作，倒不如痛快地睡上半个小时再继续工作，这样效率要高得多。

我几乎每天都会打盹儿，时间控制在半小时以内。我能切实地感受到，自己在小睡片刻后身体不再疲劳，头脑也更加清醒，工作效率也提升了不少。

☑ 表达自我：输出的作用

　　在第一章中，我曾讲述了在硅谷，人们从托儿所开始建立起钢铁般的自我肯定感；在学校里，比起输出内容的正确性，人们更看重输出本身；家人之间的对谈能提升自我肯定感等内容。成年的你可能已经远离校园了，也可能因为某些原因与家人疏远。

　　但请放心，表达自我的对象不必非家人不可。朋友也好，公司同事也好，邻居也好，只要是你喜欢或能与其畅聊之人即可。

　　如果你能把自己所感受到的、令人兴奋的、令人开心的事情和未来的梦想，与一个能令你敞开心扉之人倾诉，你应该就能切实地理解"真实的自我也能被人接纳"这一点。和喜欢之人交谈时，最重要的是彼此之间不要互相评判，在听取对方观点时切勿评判其对错。

我们在思考观点的正确性时，往往会附加上某种条件。钢铁般的自我肯定感即为完全排除各种附加条件、接纳并热爱真实的自己。

当你能够这样对待自己后，也请以此对待他人、无条件地接纳并热爱他人吧。

此外，我也建议大家去参加演讲比赛，或是在社交媒体上表达自我。这么说来，我也已经很久没有使用社交媒体了。但是，请你仔细思考一下自己为什么无法在社交媒体上表达自我，在这之后你就会明白，要想培养钢铁般的自我肯定感，还是表达自我为好。

无法在社交媒体上表达自我的原因。

● 害怕他人批评自己。

● 害怕他人忽视自己。

● 害怕他人嘲笑自己。

换言之，你非常在意"他人的评价"，它是影响你的自我肯定感起伏的第一要素，这一点在前文业已说明。

在社交媒体上表达自我的好处。

● 无论自己身处何地，都能与世界上志同道合的人相互联系。

- 自己想要表达出去的想法能让更多的人知晓。

- 能更切实地体会到真实的自我也能被人接受。

在社交媒体上表达自我时只需注意一点，那就是他人的无情中伤。话虽如此，但我想使用过社交媒体的人应该都会明白，除非你是知名人士，否则大部分人其实并没有那么关注你，上述情况也实属罕见。

但是，万一那样的人出现，你可以无视他或是拉黑他。假如受其影响，你宝贵的精力和时间就白白浪费了。请将你宝贵的时间和内心的能量，只留给那些能够理解和支持你的人。

第八章

**永久性提升自我
肯定感**

☑ 谦虚虽不错，但请不要过头

日本社会存在着一种谦虚文化。

以前我在日本工作之时，曾和同事们一起去滑过雪。那时我是第一次和某位同事一起去滑雪，我试探性地问了问他："嘿，你很擅长滑雪吗？"过往一向健谈的同事在陷入了片刻的沉默后，回答道："我可说不上擅长呀。"之后我才知道，他可是一位滑雪高手。

如果你在硅谷问一个擅长滑雪的人"嘿，你很擅长滑雪吗？"，对方会很坦率地回答道"我啊，我可厉害了，我的水平相当高"。不仅如此，实际上很多人即使不太会，也会回答道"我可相当厉害"。提起自己的住所，人们通常也会坦率地说"这是一间非常棒的房子，我非常喜欢它"。

由于我一半的时间生活在日本，一半的时间生活在美国，因此，从我的角度出发看问题，两种文化各有特点。日本的谦虚文化有不少优点：使人内敛而又不失深度，不会骄傲自大，不让对方感到自卑等。

但是，不分时间和场合的过度谦虚则会导致自我低估，妨碍你培养自我肯定感。你将对是否应该认可自己，自我夸奖是否会骄纵自己，是否应该接受差劲的自己等一系列问题产生怀疑。

如果你想培养钢铁般的自我肯定感，就应该在最低限度内保持适当的谦虚，允许自己无条件地接受并热爱真实的自己。深谙谦虚文化的我们需要认可、接受有缺点的自己，需要对自己细微的优点和微小的成功都加以肯定。

☑ "逃避"是一种富有勇气的可贵行为

"孟母三迁"这一典故想必大家都十分熟悉，孟子的母亲为了选择适合孩子的教育环境，搬了三次家。

要想培养高度的自我肯定感，合适的环境也同样至关重要。每天自我暗示却不见成效；转换思维模式并付诸实践后，很快就遭遇了挫折……此时，请你检视一下自己的环境。

你是否与那些不分青红皂白否定你的人长期共处呢？你可以自由地选择环境，这一点请千万牢记。自我肯定感极低的人往往有着降低周围人自我肯定感的言行举止。如果你想要培养钢铁般的自我肯定感，而你的周围又有着和你一样想要提升自我肯定感或是已经具有高度自我肯定感的人，请加深和他们之间的联系吧。

在第五章和第六章中，我曾提及宽恕伤害过你的人的重要性，但宽恕他人并不意味着要与之长期共处。我们虽然要宽恕他，但如果每次见面他仍在伤害你，就请你与他断绝联系。

在职场中，如果有人想将你拉下马，请你分清是只有这一个人有问题，还是你入职的公司本身就是"黑心"企业，职场中欺凌横行。如果你的情况属于前者，在你无法独自摆平的情况下也可求助他人。但如果属于后者，我建议你还是尽快换工作为妙。

在我对咨询者说完这些话后，也会有人问我："换工作有时是在逃避。我们是否应该要积极面对现实，不要选择逃避呢？"

你所能做的仅仅是祝愿他人幸福，你无法改变他人。请勿将你宝贵的时间和生命浪费在等待他人改变。

为了能让你在最佳的环境中工作，请迅速逃离恶劣的环境吧。主动选择最佳的环境，这是一种极富勇气的行为。

决定一个人是否应该与其共处，可以依据下述标准予以判断。

● 你能在他的面前保持既真实又放松的状态。

● 与他说话时你的情绪会更加积极向上，你的心中会无限喜悦。

● 你会迫不及待地想要见到他。

不论是家人也好亲戚也罢，只要是上述标准之外的人都请尽量与其保持距离。

☑ 谁都能提升自我肯定感

如果让人倒立行走 50 米，我想大部分人应该都会说自己办不到吧。但是提升自我肯定感与倒立行走 50 米是两件截然相反之事。

不论是谁、不论何时何地都能提升自我肯定感。

其原因在于自我肯定感即"决心"。假如你下定了决心，无论是 15 岁还是 95 岁，只要坚信"不管过去如何、现在怎样，未来又会有何变数，我都会接受并且热爱我自己"，便能立即提升自我肯定感。而当你的决心逐渐从记忆中远去，当你意识到自己将陷入自我厌恶的怪圈之际，只需要立即找回遗忘的决心即可。

当然，即使你已下定决心，各种各样的"但是"也会在心头起伏、徘徊，例如："但是，我曾做过一些很过分的事情，我无法喜欢上我自己""但是，我讨厌懒散的自己"等。

如果放任不管，这样的"但是"会在心头出现成千上万次。

我撰写本书目的就是告诉大家如何面对并且去除这个"但是"。恕我直言，"但是"就是借口。人们害怕放弃熟悉的事物，即使它对自己已经毫无益处。我希望大家通过本书介绍的各种方法，鼓起勇气，抛弃各种借口。在那之后，等待着你的将是一个热爱自我、轻松坦然地面对万事万物的自己。

不论是谁、不论何时何地都能提升自我肯定感。钢铁般的自我肯定感并非一小部分人才能拥有。只要你下定决心，相信你便可得偿所愿，并且，你将永久性地提升自我肯定感。

☑ 自我肯定感与判断力的关系

如果你能拥有永久性提升的钢铁般的自我肯定感，那么对你而言，就将拥有无限的可能性，你未来的人生将如预期般发展。

但是，其原因究竟何在呢？答案是：自我肯定感与你的"判断力"息息相关。

不论你是否有所察觉，你每天都在做出无数的判断。从早上选择喝咖啡还是红茶，今天具体的着装搭配等细微的判断，到是否应该继续在这家公司任职、是否应该继续和这个人交往等对人生产生重大影响的判断，你每天都在做出无数的判断。你现在的生活也可以说是之前做出的无数判断结果的总和。

但是，如果你的自我肯定程度较低，你便无法做出最佳判断。其原因在于，你在接纳和热爱自己的过程给自己附加了各种条件，它们会干扰你做出判断。

　　但请放心，如果我们能够不断地排除各种附加条件、拥有钢铁般的自我肯定感，那么你就能做出最佳判断。最终，你的人生将焕然一新、精彩非凡。

　　下面试举两例说明情况。

例 1：附加条件——能力和习惯

　　如果将"会做家务"这一能力视作接纳和热爱自己的附加条件，你就会认为自己连做饭和打扫卫生这些家务都做不好，自己很差劲、毫无价值，从而无法喜欢自己。因此，为了排除上述想法并且喜欢上自己，即使再不情愿，也要通过"做好家务"的方式来化解上述情绪。因此，你做出了"即使再不情愿，我也要将家务做到完美"的判断。

　　然而在自己既不情愿又必须要做到完美的事情上花了不少时间，再怎么努力也无济于事。于是你会更加烦躁、更加无法喜欢上自己。在"我必须更加努力地做家务"这种想法的驱使之下，时间总是不够用，于是，你陷入了恶性循环（见图 8-1）。

　　另外，如果从下述角度思考问题，则又会如何？

　　"无论自己是否擅长做家务，自身价值都不会发生任何变化。做家务的自己和怠惰于做家务的自己，不论是哪个自

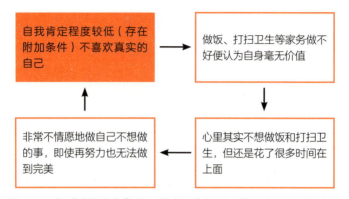

图 8-1　将"会做家务"这一能力视作接纳和热爱自己的附加条件
下的"恶性循环"

己，我都很喜欢。"这样一想，你所做出的判断将截然不同。

你会认为：家务可以由家人共同分担，家务是自己开心才会

去做的事，做不做家务都无关乎个人价值等。因此，你只会

花有限的时间去做家务，不会对自身造成额外负担，也只会

做一些能让自己乐在其中的家务。

　　原本喜欢做饭和打扫卫生的人，只要一有时间就会去做

家务，并且能够乐在其中。原本不喜欢做这些事情的人，在

饮食方面可以叫外卖、买一些半成品，在打扫方面可以买扫

地机器人、雇人打扫等，尽量想出一种折中的办法，既不用

亲自做又能解决问题，如此一来心中便毫无罪恶之感。做家

务的能力无法决定自身价值，因此也无须追求完美。

或者也可以尝试在有限的时间内做家务，并且只做能让自己乐在其中的家务，如此一来就不会产生任何压力，反而能体会到其中的乐趣。之后自己就会更加喜欢自己，良性循环也由此产生（见图 8-2）。

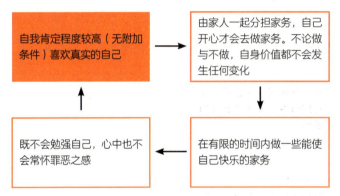

图 8-2　不将"会做家务"这一能力视作接纳和热爱自己的附加条件下的"良性循环"

例 2：附加条件——收入

如果你认为"有无收入、收入的高低决定自身价值""喜欢收入高的自己，不喜欢收入低的自己"等，即使你对自己当下的工作并不满意，或是想去从事其他工作，也很难迈出第一步。

尤其是之后想从事的新工作会让你暂时收入降低，你就会止步不前于原有收入高但自己不想做的工作。一直做这份不想做的工作，自己的工作效率和成长空间就会在不知不觉间达到顶点、再无提升余地了。

从事着自己讨厌的工作、忍耐着不去做自己真正想做的事，你肯定无法喜欢上这样的自己。因此，你的自我肯定程度也会一直维持在较低的状态。最终，你会为"收入"这一附加条件所限制、无法动弹，陷入恶性循环（见图8-3）。

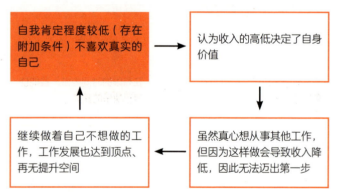

图8-3 将"高收入"视作接纳和热爱自己的附加条件下的"恶性循环"

如果你认为"有无收入、收入的高低都无法决定自身价值""我能接纳和热爱有收入的自己和没有收入的自己"，那么你做出的判断也会随之改变。当你对现在的工作不满意时，可以做好暂时失去收入或收入降低的心理准备，纯粹依据自己内心的热情，判断是否应该开始新工作。

实际上，即使收入暂时降低，最终也很有可能会比原有的收入更高。其原因在于，你是发自内心地投入新工作，一定能够长期坚持下去。此外，无论收入的高低，你都会很喜欢自己，因此你也会更加喜欢埋头于感兴趣的工作之中的自己，良性循环也由此产生（见图 8-4）。

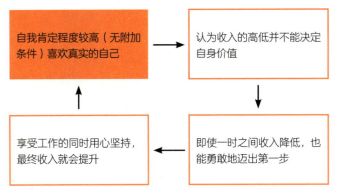

图8-4　不将"高收入"视作接纳和热爱自己的附加条件下的"良性循环"

　　本书的第一章曾介绍史蒂夫·乔布斯在斯坦福大学毕业典礼上的部分演讲内容。在该演讲中，他还曾表示，工作将占据你生命中很大的一部分，只有相信自己所做的是卓越的工作，你才能活得快乐。而卓越的工作就源自你的爱。如果你还没有找到，继续寻找，不要停下脚步。

　　通过上述两个例子，我想大家都已明白，只要拥有钢铁般的自我肯定感，你就有机会做出对自己而言的最佳判断。你的人生将变得轻盈无比，未来也会如预期一般发展。

在自我肯定程度较低的情况下做出的判断，往往是基于"如此不堪的自己，也只能选择××"的"妥协性思维模式"和"我必须要××"的"义务型思维模式"做出的判断。换言之，这样的判断是基于他人的评价、常识和恐惧做出的。最终你会妥协、忍耐和坚持自己真正不想做的事情，并以此度过一生。

另外，如果拥有钢铁般的自我肯定感，你做出的判断就是基于"富有价值的我至关重要，因此我选择做××""我最喜欢我自己，因此我也会拼尽全力支持我想做的事"等想法做出的判断。这种判断是基于自己的心声、自身的舒适感和对自己的爱做出的，因此它是最有利于自身发展的判断。如果你能够做出一个又一个这样的判断，你的人生之路就会自然而然地变得开阔，生命的可能性也会无限拓展。

☑ 做自己最好的朋友

阅读至此，我想诸位应该已经意识到，在人生的旅途中，与你相伴时间最长的是自己。自己既可以成为敌人，也可以成为朋友。

在遇到意料之外的困难、惨败之际，都请不要以结果来评判自己，要做一个时刻陪伴自己、安慰自己、鼓励自己、让自己开心的人。试想一下，如果有这样的人常常陪在身边，岂非如虎添翼？

下定决心，在一天 24 小时、一年 365 天里，做自己最好的朋友。一旦下定决心，你的人生会发生翻天覆地的变化。

后记

　　人人都在追求幸福。不管过去如何、现在怎样，自己是否具备某种能力，真实的自己都是最棒的，允许自己无条件地接纳和热爱如此美好的自己。在此基础之上，相信自己的无限可能性并采取行动吧。

　　总而言之，上述事项即本书想要向你传达的大致内容。我在十几岁时问过自己："怎样才能让人充分发挥才华、度过幸福而又充实的一生呢？"这一点在前文业已提及。在此，我想给出这一问题的答案。

　　我们受到父母和大众媒体的影响无法估量。至今仍有很多人坚信"只有鞭策自己、吃苦流泪，之后才会有幸福和成功"，他们秉承着这一信念立足于世。但实际上，真正获得幸福和成功的方法与此大相径庭。换言之，珍爱自己，享受奋斗过程的同时微笑着不断前行，真正的幸福和成功即在彼岸等着我们。我想现在正是这种思想转变的过渡时期。

　　不论拿起本书的你如今多少岁，是 15 岁也好，95 岁也罢，不论何时何地，人都可以大幅度地改变。即使迄今为止你一直与自己关系不和，只要下定决心，从今天开始就可以和自己重归于好，成为自己最好的朋友。

　　另外，我还想向你提一个小建议，只提这一个。那就是在你读完本书后，即使自己无法进行具体实践，无法做出改变，也请你不要责怪自己。我希望大家能够深刻地理解，关键在于重复，并反复阅读本书。之后使用加分法表扬正在一点一点做出改变的自己。只要你不放弃，定能得偿所愿。

　　我衷心地希望能有更多的人拥有永久性提升的钢铁般的自我肯定感，尽情地享受美好人生。

　　最后，我要向协助本书问世出版的所有人表示感谢。

　　我原先对出版事务一概不知，但高桥朋宏先生手把手地耐心指导我本书的具体写作流程与步骤。在此，我要衷心感谢高桥朋宏先生、平城好诚先生、菊地大树先生和其他工作人员，是他们为本书出版提供了机会。此外，自我肯定感、自我热爱等主题对我具有深刻的意义，杉浦博道先生将这些主题制作成图书出版策划方案，并通过拟定标题、编辑、装帧和具体出版等步骤，将我的想法以纸质书的形式呈现出来，对杉浦博道先生我也不胜感激。

另外，我的人生教练艾伦·科恩为我与高桥朋宏先生的相遇提供了机会。我的家人和朋友也在一直鼓励和支持着我。"培养钢铁般的自我肯定感"讲座的学员们也提供给我重要的反馈信息。此外，我的前夫在与我初识的那段时间里，阅读了我用英语完成的论文后对我说："直子，你将来总有一天能够成为作家。"在此，我仅对上述诸位表示由衷的感谢。

毫无疑问，我的父母在我心中种下了撰写本书的种子。如果没有他们，本书也就不存在了。母亲在我小学时曾教了我作文的具体写法。爱书如痴的父亲让我体会到了读书的乐趣、感受到了书籍的力量。双亲现已离世，我对他们深表感激。

如果能让我心中的种子开花，帮助更多的人注意到自己内心之中埋藏着无数颗种子并且开出娇艳欲滴的鲜花，我将对此感到由衷的喜悦。

宫崎直子